七光台

1962(昭和37) 年６月に種「急行A」の塗色(ベージュ・マルーン・ライトブルー帯) となったモハ5312(→モハ3174) +クハ352の急行である。1956(昭和31)年の1700系特急車就役に合わせて、特急車の白帯に対し急行車は青帯と区別された。　1963.2　館林　P：宇野　昭

カラーグラフ

旧型電車から3050・3070系更新車へ

館林駅を出るモハ5314を先頭にした浅草行。車種「フライング東上」の塗色(ブルー＋イエロー帯) を纏ったモハ5314他３連は1962(昭和37)年12月に東上線から伊勢崎線へ戻って来たばかり。　1963.2　館林　P：宇野　昭

5310形のうち唯一特急色を纏ったクハ352(→クハ3470)＋モハ5312を先頭とする下り急行「おじか」号。この頃の5310形は副運転台があり、どちらも先頭に立つことができた。このアングルから見ると先頭車が２両同じ向きに見えるような不思議な編成である。1960(昭和35)年７月に副運転台とトイレが撤去とされているが、すでに曇りガラスにはなっていないようである。後ろの４両は貫通型の5710形と思われる。
1959.5.13　北千住―小菅　P：奥野利夫

モハ5312＋クハ352による特急「じょうもう」。上の写真から約２年後の伊勢崎線特急で活躍中の姿。浅草寄の運転室側に乗務員扉が付いて片運転台化されている。
1961.8.16　小菅―北千住　P：沢柳健一

モハ5413(→モハ3158)。1935(昭和10)年デビューのデハ10系の最後に増備された、1946(昭和21)年生まれのクハ1201形を電装化したモハ5410形は、戦時下の商工省統制規格型により生まれたいわゆる「戦時設計」車両。正面の丸みは全て省略されたほか特急運転休止によりすべてサイドシートとなり、優雅な特急車のイメージが消滅。２扉で８連窓の文字通りロングシートとなった。隣のクハ456は戦災省電(国電)のたたき直しで、張上屋根３扉車。両車の車体形状や高さの違いが興味深い。 1969.10.4　館林電車区　P：荻原俊夫

モハ3558は1935(昭和10)年生まれのデハ10系デハ103→デハ1103が1945(昭和20)年に戦災に遭い、1947年に復旧後の改番でモハ5460となったもの。1972(昭和47)年にモハ3558に更新されてご覧の姿に。1974年６月から車体の塗色変更が始まり、後ろの２両はセイジクリーム色の混色が見られた時代である。 1974.11.28　館林　P：塚本新一

10‰の勾配標とモハ3573ークハ3673による新栃木行。 1990.4.24 下今市―明神 P：塚越哲男

更新3070系モハ3574ークハ3674＋モハ3571ークハ3671の栃木行。２両のモハがいずれも前後両側のパンタを上げているため、４両編成中４基のパンタを上げての走行となる。 1996.3.30 江曽島 P：塚越哲男

雪の日光連山を背に東武日光線3570系２連が行く。　1986.2.26　明神—下今市　P：稲葉克彦

更新3070系クハ3670形ーモハ3570形による下り列車。田植えの季節を迎え、植えたばかりの田圃の水が山を映し出す。
1991.5.4　板荷—下小代　P：塚越哲男

モハ3573東武日光行快走！ 学生たちの毎日の重要な足。あの日の思い出と共に吊り掛け駆動の音がよみがえってくる。
1988.6　板荷―下小代　P：稲葉克彦

ツツジを横目に日光を目指すクハ3673－モハ3573。
1990.5.3　板荷―下小代　P：塚越哲男

3000系の活躍もお別れ。「さようなら3000系」ヘッドマークを掲げた3574と同じ顔に見える隣の5161とは中央の行先表示部の上辺部分が屋根に合わせて曲線なのが8000系や5000系列の更新車で、3000系列は直線という違いがある。
1996.4.27　新栃木電車区　P：塚越哲男

上毛電鉄クハ366ーデハ356西桐生行。赤城山麓に活躍の場を移した旧3050系も井の頭線からのステンレスカーに追われ、2000(平成12)年に役目を終えた。
1999.2.6　粕川—膳　P：稲葉克彦

1931(昭和6)年建設の周囲の景観に配慮した低いトラスの隅田川橋梁をゆっくりと渡り、急カーブの架線柱の曲線が造り出す独特の空間に差し掛かり浅草駅に到着するモハ5800形快速浅草行。車輪の軋む音と共に直角カルダン駆動の音はどのように響いただろうか?

1965年頃　浅草　P：合葉清治

下巻のはじめに

私にとって東武3000系は、毎日眺められる生活圏にはなく日常の足ではなかったので、自転車で出かけた六実駅での印象が中心である。しかし、小学校６年生の二学期が終わる頃の1973（昭和48）年12月23日に友人と共に船橋へ出かけ、デパートや書店を見た後、まだ高架ではなく地上駅だった船橋駅からの帰りに乗ったのは、3000系更新車とはっきり違うと言える電車であった。

中間車に乗ると、隣の車両との連結部は大きく間隔が開いていて、車端部側窓脇の隅柱が窓１枚分もあるくらいに太く、広い吹き寄せ部から出窓風に見える妻窓から隣の車両があたかも１マイル離れたように見える独特の室内空間であった。アコーディオンのように長く伸びた貫通幌と吊り棒がギシギシと音を立てて動き、車体がタテヨコ斜めに激しく揺すられて迫力ある走りと、駅の構内踏切から見上げた正面が大きく口を開けたような

鯉のぼりがそよぐ晴天に誘われて電車でお出掛け。窓から入り込む若草の香りが鼻をくすぐる。モハ5314の副運転台側を先頭にして走る「フライング東上」号下り列車。モハ5314に続くのはクハ343＋クハ344＋モハ5313。
1959.5頃　成増—大和町（現・和光市）
P：鈴木靖人

貫通幌のない幌枠とブタハナ型のヘッドライトが強烈な印象であった。

その時乗った車両がモハ5310形であることは後になって分かったが、戦前生まれのデハ10系から大改造を受けた元特急の名車であることなど知る由もなかった。その翌年にモハ5304という数字を見た憶えがあったが、はっきりした印象もないまま東武の通勤型電車がセイジクリーム色に塗り替えられ始めると、私の東武電車への興味は急速に遠ざかって行った。

下巻では3050・3070系列となる種車の概説と、種車のバリエーションについて資料を交えて紹介するほか、更新前後の活躍の様子や3070系における屋根上と3000系の床下のバリエーション、救援車クエ7000形、サイリスタチョッパ制御試験車サヤ8000形、保存車も取り上げ、3000系列とその周辺の全貌を明らかにしてゆきたい。

終点西小泉から館林を目指す3050系４連(クハ3454－モハ3354－サハ3254－モハ3154)。東武小泉線は、1917(大正6)年３月12日に開業した中原鉄道館林～小泉町間を前身として、1937(昭和12)年に東武鉄道が買収、戦時下の軍の命により1941(昭和16)年に太田～小泉信号所(現・東小泉)開通とともに西小泉駅が開業、中島飛行機(富士重工業を経て現・SUBARU)小泉製作所の玄関駅となった。小泉線は日光線に比べて特に勾配もなく、3050系にとっては走り易かったであろう。 1986.11.8 西小泉 P：宮下洋一

7. 東武3050・3070系更新車

7.1 東武3050系概説

1971(昭和46)年２月で3000系の更新(上巻参照)が終了し、続いて同年３月のモハ3151(旧モハ5471)＋クハ3451(旧クハ455)を皮切りに3050系の更新が開始された。戦後に電装化された旧モハ54系とその制御・付随車を種車とした68両が1973(昭和48)年12月にかけて更新され、全車が新栃木電車区に配置された。

電装品は1937(昭和12)年のデハ10系二次車から採用された日立製作所の電動カム軸式制御器のMCH-200で、主電動機は110kwに増強されたHS-266-A×4台、歯車比は21:62=2.95である。運転室の主幹制御器(マスコン)は3000系と同じく英国電機製M8-Dで、９ノッチ+デッドマン装置付きである。低圧電源用の交流電動発電機は8000系の冷房改造で余剰となった日立製作所の5.5KVAのHG-533Mrbを搭載した。各機器と床下機器の配置は基本的に3000系と同様である。

台車はモハがイコライザー式のみであるが、クハ・サハはイコライザー式の他に戦後生まれのウイングバネ式が加わった。

●モハ

・住友製鋼所製KS-31L、KS31
(東武形式TRS-28M、TRS-30、TRS-35M、TRF-48B)

・日本車輌製D-18A・D18A-W1
(東武形式TRN-37・TRN-38)

・汽車会社製ボールドウィン(東武形式TRK-49)

●クハ・サハ

・日本車輌製D-16B・D-18B・W-2-18
(東武形式TRN-29T・TRN-50)

・汽車会社HW-16(東武形式TRK-50)

・国鉄TR11

3050系の台車は、モハが３メーカー７形式(東武内７形式)、クハ・サハは住友製が消えて２メーカーと国鉄TR11を合わせて５形式(東武内３形式)となった。

3050系の更新は3000系と同じく、最初にモハ3150形＋クハ3450形の４両編成用の先頭ユニットを集中

モハ3150形3151のセイジクリーム時代。3000系と3050系の外観上の違いは、窓サッシのスライドするレールが露出した形状になり、側窓は上辺四隅の角Rが省略されたことである。外観に影響されない変化では、運転室が拡張されている。　1980.4.24　館林　P：宮下洋一

サハ3250形3252のセイジクリーム時代。TRK-50(HW-16)台車を履く。　1982.4.30　館林　P：宮下洋一

的に生産し、1972(昭和47)年10月以降は中間のサハ3250形＋モハ3350形の２両ユニット×10本を先頭モハ＋クハの中に挿入して４両固定10本を組成という方法で整然と工事が進められた。

更新車の車体は3000系とほぼ同じであるが、運転室が拡張された。４両編成の先頭車と２両固定のモハ3551－クハ3651～モハ3553－クハ3653までが運転士部分のみ1,113mm→1,600mmに広げられ、客室との仕切壁に段付きが生じたが、モハ3554－クハ3654～モハ3564－クハ3664で車掌室側も拡張され、全室が1,420mmに拡張されて客室側の仕切形状が直線状になっている。また、車体の工数削減と簡易化により車

モハ3350形3352のセイジクリーム時代。主制御器が見える。台車はTRK-49(ボールドウィン)を履く。　1982.4.30　館林　P：宮下洋一

秋山川を渡るクハ3450形3456を先頭にした４連。東武佐野線の前身は、1890(明治22)年に葛生～越名間が開業した安蘇馬車鉄道である。葛生で産出する石灰石を運ぶための馬車鉄道で、越名まで運ばれた石灰石や木材などは船に積み替えられて渡良瀬川から利根川を下って東京方面へ運ばれていた。佐野鉄道を経て1912(明治45)年に東武鉄道に吸収合併された。3050系は佐野線でもよく見られた。
1982.4.30　葛生　P：宮下洋一

体外板の側窓上隅の角Rが省略され、窓の左右にあるサッシを上下させるスライドレールを車体のシルエット内に隠す間柱キセを省略し、スライドレールが露出して角ばった印象になった。これらの窓周りの変化は新造車の2000系・8000系増備車と同様である。

1973(昭和48)年12月出場のモハ3563(旧モハ5450)＋クハ3663(旧クハ400)をもって、3050系68両の車体更新が終了した。

モハ3550形3563－クハ3663。ジャスミンホワイトにロイヤルブルーとリフレッシュブルーの帯を締めた現行塗色は1985(昭和60)年秋から始まり、東武の通勤型車両は、それまでのセイジクリーム１色から見違えるほど魅力的なスタイルに変身した。腰に巻かれた帯は、高運転台の車体にとても良いバランスとなっている。モハ3563は日車製の溶接台車TRN-38Nを履いていたが、この頃は住友製のイコライザー台車となっている。
1991.4.24　赤城　P：宮下洋一

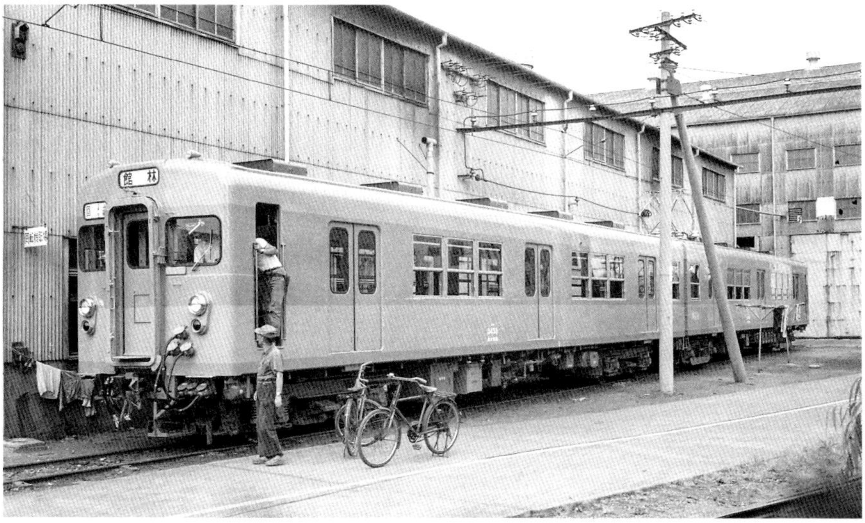

更新が終わって配属先へ向かう準備中のクハ3450形3453－モハ3150形3153。
1971.8.18　西新井工場
P：田中景一

7.2　東武3050系その後

7.2.1　保安ブレーキ(予備直通ブレーキ)取付

1973(昭和48)年に取り付けられた。

7.2.2　列車無線取付

1983～1986(昭和58～61)年に取り付けられた。

7.2.3　廃車と上毛電鉄への譲渡

3000系に続いて1992(平成４)年３月から廃車が始まり、1996(平成８)年５月２日の3152編成・3563編成をもって68両全車が東武鉄道での務めを終えた。これより前の同年４月29日に小泉線でさよなら運転が行われ、3152編成が使用された。そのうち２両編成×７本＝14両が上毛電気鉄道へ譲渡された。

1995(平成7)年４月～1996(平成８)年５月にかけて車体塗色を上毛色に塗り替え、350系として赤城山麓を走り始めた。デハ350形+クハ360形の２両×７本＝14両のうち、352・353・355編成はコマーシャルトレインとして、ラッピング塗装が施された。

しかし、活躍の期間は短く、1998(平成10)年12月には京王帝都電鉄井の頭線からの冷房付カルダン駆動のステンレスカー3000系が上毛電気鉄道デハ710形＋クハ720形となって1999(平成11)年から活躍を開始し、2000(平成12)年には置き換えが完了。東武からの3000・3050系は全車が役目を終えて、消滅した。

モハ3170形3176の現行色時代。CS-5主制御器が見える。3000系列4両編成の最終モハ3176は、モハ3376と共に旧モハ5800形直角カルダン試験車で、吊り掛け駆動に戻される際に5700形のクハ700形のFS-106(TRF-51M)台車と交換してTDK-528モータを装荷。モハ5700形相当の足回りになった。台車制動筒方式のため、この２両のみは車体中央にあるブレーキシリンダ—がなく、床下機器中央部に相違がある。
1987.6.30　東武動物公園　P：林　智春

サハ3270形3276の現行色時代。3000系列４両編成の最終サハ3276。3000系列の更新車は基本的にクハとサハはサービス用電源のMGを持っているが、サハ3270形は床下に大型バッテリーがあり、MGは搭載されていない。クハ3470形に４両給電用の9KVAの交流MGが搭載されている。サハ3276は日車製のW-2-18(TRN-50)台車を履き、車体中央にブレーキシリンダーがある。
1987.6.30　東武動物公園
P：林　智春

7.3　東武3070系（当初5000系）概説

1974(昭和49)年１月のモハ5501(旧モハ5320)＋クハ5601(旧クハ341)を皮切りに5000系の更新が開始された。戦前の1935(昭和10)年に特急専用車として生まれたデハ10系を戦後に電装品を取り換えて改番された旧モハ53系とその制御・付随車を種車とした34両が1975(昭和50)年５月にかけて更新され、全車が栃木電車区に配置された。

電装品は1951(昭和26)年に1948(昭和23)年生まれの運輸省規格型電車モハ5300形から移植した日立製作所の電磁空気カム軸式制御器のCS-5と、弱め界磁制御器CS-9、主電動機は出力が110kwの東洋電機製TDK-528/9-HM、歯車比は18:62=3.44となった。

運転室の主幹制御器(マスコン)は、3000系、3050系のM8-Dとは異なり、国鉄制式機種のMC-1で、３ノッチである。デッドマン装置はない。東武鉄道ではマスコンはDick kerr社のM8-DとGE社由来の国鉄制式のMC-1の２機種に大別されるが、M8-Dは９速で時計短針14時の位置から身体に引き寄せるように時計回りに回転させるのに対し、MC-1は３速で短針６時の位置から身体から離すように時計回りに回転させるという、運転操作に大きな違いがあり、編成中に２つのマスコンを混在させせることをしない方策がとられた。

モハ3370形3373の現行色時代。波型リボン式の主抵抗器が見える。霜取りパンタはPT48の姿である。台車は日車製D-18A（TRN-37）を履いている。
1989.9.9　壬生　P：宮下洋一

クハ3470形3476の現行色時代。クハ3476は3000系列４両編成の最終ナンバーで、床下中央にブレーキシリンダーと、後位側にDH-25電動空気圧縮機、４両給電用の9KVAの交流MGが搭載されている。台車は日車製のW-2-18（TRN-50）を履いている。
1987.6.30　東武動物公園　P：林　智春

９速と３速の違いがあっても９段を３段に割り当てて切り替える回路にすれば可能なので技術的な問題ではなく、あくまでも安全を担保するために運転操作上での混同・誤動作を避けたということであろう。東武では3000系と3050系は混結運転可能であったが、5000（後の3070）系は単独運用で3050系以前とは併結不可とされた。実際に国鉄では戦前の電磁空気カム軸式のCS-5と戦後の多段式電動カム軸式のCS-10が混在した編成でMC-1のマスコンでの運転は日常の運用で行っており、モハ72系がその端的な例である。更新対象とされた種車の制御器の中には、5320形のES567や5800形のMMC-H-10Eがあり、更新に際して国鉄大船工場のストック品を購入してCS-5に統一した。

低圧電源用の交流電動発電機は8000系の冷房改造で余剰となった４両給電用の9KVAのHG-533Irbを４両固定のクハ5400（後の3470）形に搭載した。容量が大きいので１台で４両分給電としたので、3000・3050系と異なり、サハ3270形には電動発電機は搭載されていない。２両固定のクハ5600（後の3670）形には3050系と同じく5.5KVAのHG-533Mrbが搭載された。その他、モハにはCS-9弱め界磁制御器が搭載された。それ以外は各機器と床下機器の配置は基本的に3000・3050系と同様である。

台車はモハがイコライザー式と防振設計のウイング

モハ3570形モハ3573の現行色時代。前位の霜取りパンタがPT42となって２基とも掲げた姿。冬期の日光線、宇都宮線で見られる3070系のもう一つの魅力であった。
1991.1.4　北鹿沼　P：関　周一

霜取りパンタが付いたクハ3671＋モハ3571の現行色時代。当初霜取りパンタはクハに取り付けられたが、1987(昭和62)年９月以降にモハに移設された。
1987.1.3　新栃木　P：林　智春

バネに板バネを組み合わせたゲルリッツ式が加わった。クハは一部に戦前のイコライザー式が残る他は戦後生まれのウイングバネ式となった。サハは客車由来の国鉄TR11が消えて全車が防振設計のウイングバネ台車となった。

●モハ

・扶桑金属製KS-31(東武形式TRF-48A)
・日本車輛製D-18A(東武形式TRN-37)
・汽車会社製ボールドウィン(東武形式TRK-45)
・住友金属製FS-106(東武形式TRF-51M)

●クハ・サハ

・住友製鋼所製KS-33L(東武形式TRS-28T)
・住友製鋼所製FS-7(東武形式TRF-50)
・日本車輛製W-2-18(東武形式TRN-50)
・汽車会社HW-16(東武形式TRK-50)

5000(後の3070)系の台車は、モハが４メーカー４形式(東武内４形式)、クハ・サハは国鉄型が消えて４メーカー４形式(東武内３形式)となった。このうちFS-106は元特急車用5700形用で、ブレーキシリンダ―が装荷された唯一の台車である。

霜取りパンタを備えたモハ3572他２連の東武日光行とモハ3173他４連の東武宇都宮行が並ぶ。両車とも霜取りパンタがPT42系に揃えられた晩年期の様子。
1995.9.4　新栃木　P：稲葉克彦

更新は1974(昭和49) 年１月～ 1975(昭和50) 年６月にかけて行われた。最初はモハ5500形+クハ5600形の２両固定の先頭ユニット×５本を集中的に生産し、同年６月以降は４両編成に着手。９月以降で中間車ユニットの更新に入り、４両固定６本を組成という手順で工事が進められた。更新車の車体形態は3050系後期と同じである。1975(昭和50) 年５月出場のサハ5205(旧クハ350) +モハ5305(旧モハ5314) をもって、5000系34両の車体更新が終了した。

その間、東武鉄道では1974(昭和49) 年６月１日以降の工場入場車や新車も含め、一般車の車体塗色変更を行い、ロイヤルベージュ・インターナショナルオレンジからセイジクリーム１色化が始まった。更新車でも６月以降出場の車から塗色が変わったが、更新前の種車の中にはモハ5800形の様に、重要部・全般検査を迎えて塗色変更され、その翌年に車体更新されるという例もあった。

戦前生まれの元特急クロスシート車や木造客車の鋼体化、戦後の運輸省規格型、戦災国電、特急車等々、種々雑多の旧型車236両が約10年をかけて3000・5000系列に生まれ変わり、東武鉄道の戦後が終わったということができる。1979(昭和54) 年４月１日付で5000系は、同年から始まった7800系の車体更新に番号を譲るために下記の様に3070系に改番された。

モハ5100形－サハ5200形＋モハ5300形－クハ5400形
↓
モハ3170形－サハ3270形＋モハ3370形－クハ3470形

モハ5500形－クハ5600形
↓
モハ3570形－クハ3670形

＊モハ3170形とモハ3570形、クハ3470形とクハ3670形は同型である。

7.4　東武3070系その後

7.4.1　列車無線取付

1979 ～ 1985(昭和54 ～ 60)年に取り付けられた。

7.4.2　散砂装置の取付

勾配区間の日光線での落葉や降雪時の空転防止対策として1982(昭和57) 年に２両固定のモハ3570形＋クハ3670形全車に散砂装置が取り付けられた。空転発生時に運転台にあるペダルを踏んで散砂しながら勾配を登った。

7.4.3　架線氷結防止パンタグラフの搭載

1986(昭和61)年12月に２両固定のクハ3671 ～ 3673の運転室側にPT-48形パンタを取り付けた。当初は氷

東武3070系は、野岩鉄道へ乗り入れる運用も担当していたことがある。中三依駅で交換する6050系モハ6161会津高原行(左)と3070系モハ3573東武日光行(右)。
1990.9.24　中三依　P：関　周一

結防止用で集電機能はなかったが、1987(昭和62)年9月から11月にかけてクハ3両に設置したパンタを撤去し、4両固定のモハ3371～3374と2両固定のモハ3571～3575の全車に新たにPT-48パンタを1基架設し、モハはPT-42JとPT-48のWパンタとなった。当初は無集電であったが、後に集電可能とした。散砂装置を備え、冬期にパンタを2つ掲げて走る姿は今までのおとなしい3000系にはない凛々しい姿に見え、後にPT-48はPT-42に替えられて揃えられた結果、1985(昭和60)年9月以降のジャスミンホワイトに濃淡のブルーのストライプが巻かれた新しいカラーリングに刷新されてキリリと引き締まったスタイルとなって魅力を増した。

冬期対策を施した3070系は2両固定が野岩鉄道会津鬼怒川線会津高原まで早朝・夜間に乗り入れして足を延ばした。

7.4.4　廃車

3070系の廃車は3050系と並行して1995(平成7)年8月から始まった。1996(平成8)年4月27日には日光線と宇都宮線で「さようなら運転」が行われ、最後まで残っていた2両固定の3571編成＋3574編成が最終ランナーとしてとして栄光を飾った。

そして5月8日には廃車解体のため、北館林荷扱所へ回送された。3070系34両全車が廃車となり、東武鉄道から3000系列が消滅した。

前位のPT48パンタと後位のPT42パンタの両方を掲げたモハ3571－クハ3671が東武日光を目指す。霜取り用パンタを載せて、冬期に2基を上げて走る姿が日光線・宇都宮線3070系最晩年の新たな風物詩となった。当初は霜取りパンタは下枠交差式のPT48であった。　1990.11.23　上今市　P：宮下洋一

前位の霜取り用パンタもPT42となったモハ3173。オデコの左右両側にあったマーカーランプは取り外された。
1995.07.10　東武宇都宮　P：塚越哲男

モハ5201(→モハ3360)のオレンジ+ベージュ時代。東上線でのMc+Tc２両固定化でMcが３両不足するのに際し、クハ420・430形のうち３両が電装化されモハ5201 ～ 5203となった。この5201の前身は運輸省規格型クハ330で、1951年の大改番後にクハ427となり、1957(昭和32)年に富士重工で電装化され、その際正面に貫通路が設けられた。遅い時期の電装化で110kWモーター+デッカー式制御器装荷となり5200番代を名乗った。正面窓はHゴム支持化され、車体裾の台枠は外板で覆われている。　1967.5.3　川越電車区　P：矢崎康雄

８．東武3050・3070系の種車写真

この項では、3000系列のうち3050・3070系(当初5000系)に更新される前の種車１両１両について、上中巻同様に紹介する。

モハ5202(→モハ3560)を先頭にクハ562+モハ3215+クハ411で編成された東上線準急寄居行。茶色時代で1957(昭和32)年の電装化間もない頃の姿。車体裾から台枠が露出している。
1959.11.3　池袋　P：阿部一紀

モハ5203(→モハ3160)のオレンジ+ベージュ時代で、正面貫通化、貫通幌取付座取付後の姿。前身は1927(昭和２)年製デハ４形35が戦災でクハ437に名目上変更されたもので、側引戸鋼製プレスドア交換済み。パンタからの母線引込線が連結側妻面に向かって全長に亘っているのがわかる。
1969.9.12　七光台電車区　P：宇野　昭

モハ5400(→モハ3556)の茶色時代。1927(昭和2)年製のデハ4形一族の中で郵便・荷物室のない純粋なクハとして生まれたのはクハ3形9・10の2両のみで、そのうちのクハ10が前身。1934(昭和9)年の電装化でデハ8形93となり、110kWのモーター＋PR系の制御器を装荷していたため1951年の大改番でモハ5400となった後、1954年に乗務員扉を設置。側引戸は縦長ガラスのHゴム支持プレスドアで、側窓の小さい側面の良いアクセントになっている。
1963.1.3　館林電車区　P：宇野　昭

モハ5401(→モハ3359)の茶色時代で、前身は1927年製のクハ3形9→デハ8形94。側引戸は木製で、出入口にステップ付の姿。1953年に乗務員扉が設けられた。
1957.7.24　伊勢崎？　P：丸森茂男

モハ5410(→モハ3155)の茶色時代。1935(昭和10)年デビューのデハ10系一族の中で最後に生まれたクハ1201形は、1946(昭和21)年に商工省統制規格型車として生まれ、隅柱の丸みもない平妻前面の片運転台2扉ロングシート車。1951年の大改番でクハ410形となったが、1950～51年に客車鋼体化車両クハ500形の相方モハとしてクハ410形の5両が選ばれて電装化された。制御器はそのままで110kWのモーターを装荷して＋5000の車番となる。正面窓のHゴム支持化と側引戸は鋼製プレスドアに交換されている。
1962.9.5　曳舟　P：宇野　昭

モハ5411(→モハ3552)の茶色時代で、デハ10系一族の中で最も武骨な姿。出入口ステップの廃止、側引戸の鋼製プレスドア化、貫通幌取付座が付いたほか、正面窓のHゴム支持化、台車のコロ軸受化が行われている。
1964.2.1　曳舟　P：宇野　昭

モハ5412(→モハ3551)のオレンジ+ベージュ時代。貫通幌取付座取付、正面窓Hゴム支持化、側引戸鋼製プレスドア化、台車コロ軸受化後の姿。　1966.7.11　春日部　P：宇野　昭

モハ5413(→モハ3158)のオレンジ+ベージュ時代(電気側)。貫通幌取付座が付いたが、正面窓は木枠のままである。台車はコロ軸受化されている。　1965.9.23　赤城　P：宇野　昭

モハ5414(→モハ3553)の茶色時代。正面は貫通幌取付座が付いたが、正面窓は木枠のままである。台車は平軸受である。
1963.1.3　太田　P：宇野　昭

モハ5421(→モハ3554)の茶色時代(電気側)。5421は1959(昭和34)年2月に太田付近で脱線転覆大破し、クハユ290とともに津覇車両で車体を新製して5月に復旧。車体はノーリベットとなり、正面に貫通扉が付き、車体裾は切込みがなくなり一直線になった。側引戸は鋼製プレスドアになり、乗務員出入口ステップもなくなった。
1962.10.21　曳舟　P：宇野　昭

同じモハ5421のオレンジ+ベージュ時代(空気側)。正面ガラスがHゴム支持化され、ノーリベット化されたものの、よく見るとウィンドウヘッダー・幕板周りにリベットが見える。ジャンパ線が3本に増えている。パンタは前位側。
1966.7.11　春日部　P：宇野　昭

モハ5420(→モハ3353)の茶色時代。1928～29年製のデハ5→7形のうち、39・51・79は制御器を換装、110kWモーターに交換してモハ5420形に編入された(交換時期不明)。そのため、外観はモハ3210形と同じである。側引戸が鋼製プレスドアに交換、出入口ステップはなくなったが、原形を残す非貫通の前面で活躍中の姿。乗務員出入口にはステップが残る。1958(昭和33)年5月に副運転室は撤去された。パンタは前位側。
1962.4.21　曳舟　P：宇野　昭

モハ5422(→モハ3152)の茶色時代で、前身はデハ7形79。正面は非貫通で、側出入口にはステップがあり、側引戸は木製である。後位側にはトイレがある。パンタは後位側にあるが前位側にはパンタ台が残る。　1956.10.10　北千住　P：丸森茂男

モハ5423(→モハ3351)の茶色時代。1948(昭和23)年3月に汽車でデハ6形85を戦災復旧の際に制御器とモーターを換装し、モハ5420形に編入された。正面貫通化、貫通幌取付座を取付、出入口ステップの廃止、側引戸鋼製プレスドア化後の姿である。前位側にパンタがある。1958(昭和33)年3月に副運転室を撤去して客室化された。
1963.9.15　曳舟　P：宇野　昭

モハ5430(→モハ3355)のオレンジ+ベージュ時代。1927年川崎車輌製デハ4形31～36のうちの1両で、他の仲間はデハニ4形を経てモハニ3270形となったが、末尾の36は1947(昭和22)年7月に川越で事故全焼し、1948年2月に汽車で叩き直して復旧後、1951年の大改番でモハ5430という別の道を歩んだ。片側運転台トイレなしとなり、乗務員扉を設置し、出入口ステップを廃止した。しかし、車体の傷みが激しく1959年8月に津覇車両でほぼ原形通りの車体を新製して載せ替えた。正面は貫通化され、車体は一部を除きノーリベットとされている。
1966.7.11　館林電車区　P：宇野　昭

モハ5431(→モハ3559)の茶色時代。1948(昭和23)年に運輸省規格型のモハ5300形5303として新製、1951年に旧デハ10系改めモハ5440形のうち、最初の2両を除く5442～5446は戦後の特急復活にあたり、性能強化のために5300形の制御器とモーターを供出し、5440形の機器に換装した結果、5430形となった。側引戸は鋼製プレスドアに交換されたが、非貫通の正面、中央運転台の原形を残す姿。パンタはPS-13、台車は平軸受のままである。
1957.1　業平橋　P：佐藤進一

モハ5432(→モハ3555)の茶色時代。1962(昭和37)年５月の運転室改造以前で、正面は非貫通・中央運転台の原型に近い姿。側引戸は鋼製プレスドア化されている
。　1962.1.7　赤城　P：丸森茂男

モハ5433(→モハ3356)のオレンジ＋ベージュ時代で、1962(昭和37)年５月の正面貫通化、貫通幌取付座が付いた姿。正面窓はHゴム支持化され、貫通幌がなく巨大な幌取付座が異様な表情である。側引戸は鋼製プレスドア化され、台車はコロ軸受となっている。　1966.7.11　館林　P：宇野　昭

モハ5434(→モハ3352)のオレンジ＋ベージュ時代。1962(昭和37)年５月の運転室改造で正面貫通化、貫通幌取付座付の姿。客車流用の車端部が絞られた台枠が分かる。パンタからの母線引き込み線は連結側妻面に向かって全長に亘っている。
1966.7.11　館林電車区
P：宇野　昭

■東武鉄道 車両竣工図表 モハ5430形5431～5434

資料所蔵：亀井秀夫

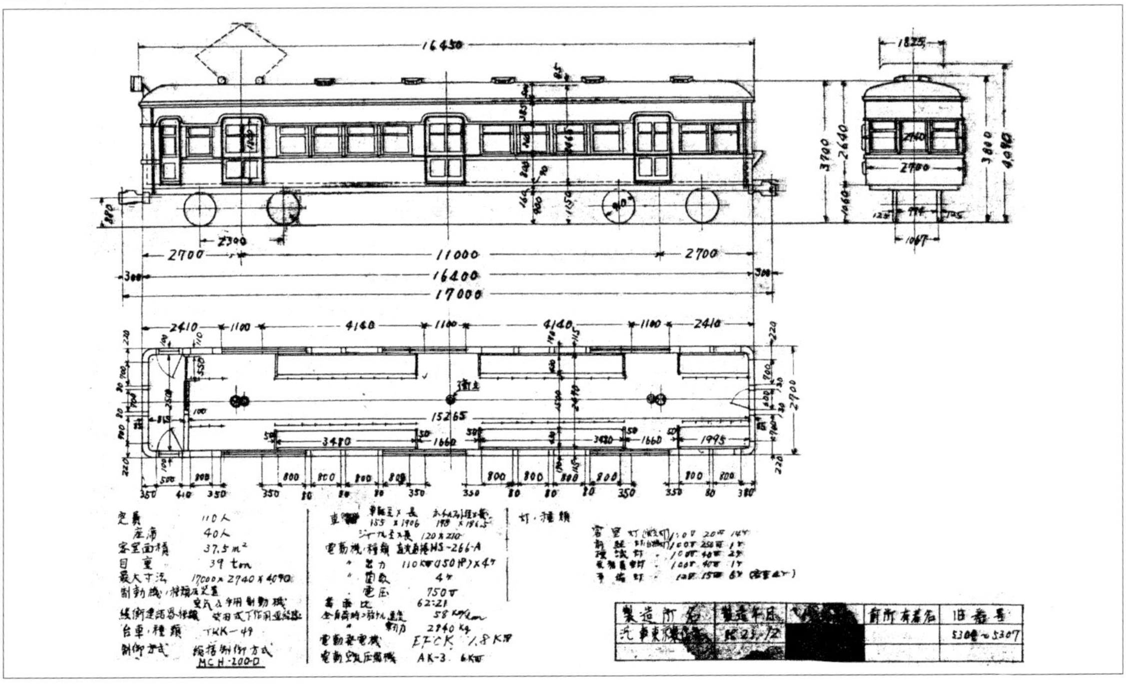

モハ5440(→モハ3153)のオレンジ＋ベージュ時代。1935(昭和10)年生まれのデハ10系一次車の初号車デハ101の30歳の姿である。1951年の大改番でモハ5440形となり、一次車は特急に使用されることはなかった。出入口ステップを廃止し、側引戸が鋼製プレスドア化されて正面に貫通幌取付座が付いた以外、外観はあまり変わっていない。座席はロングシートとなったが、モーターはデハ10系のままで、110kWの日立製モーターHS-266である。パンタは後位側である。

1965.9.23　赤城　P：宇野　昭

モハ5441(→モハ3156)の茶色時代。側引戸は鋼製プレスドア化、正面貫通幌取付座付の姿。パンタは後位側である。丸みのある正面がモハ5410形と容易に識別できるポイントである。

1961.7.23　館林　P：阿部一紀

モハ5450(→モハ3563)の茶色時代。1943(昭和18)年日車製で、デハ10系最後の電動車として8両が製造され、日車製台車を履く。正面貫通幌取付座付の姿。パンタは後位側で、前位側にはパンタ台と歩み板が残っている。出入口ステップを廃止し側引戸は鋼製プレスドアに交換済み。台車はコロ軸受化されている。

1964.1.12　曳舟　P：宇野　昭

モハ5451(→モハ3562)の茶色時代(左)とオレンジ+ベージュ時代後位側(右)。いずれも側引戸は鋼製プレスドア化、正面貫通幌取付座の取付、正面窓Hゴム支持化が行われている。パンタは後位側で、前位側にはパンタ台がある。後位側にはトイレが見える。
左:1963.1.3　太田/右:1966.7.11　館林電車区　P(2枚とも):宇野　昭

モハ5452(→モハ3557)のオレンジ+ベージュ時代。正面窓Hゴム支持化、側引戸鋼製プレスドア化後の姿。貫通幌吊り棒受けが付いた状態で正面貫通幌取付座はなく、落ち着いた表情の顔付きである。右は中間車となり、前照灯が外されて取付ステーが残された姿で、前面側に貫通幌はなく、吊り棒受けのみが残っている。　左:1966.6.26　館林　P:鈴木靖人/右:1972.5.21　六実　P:中村夙雄

モハ5453(→モハ3157)の茶色時代で、貫通幌取付座取付後の姿。側引戸鋼製プレスドア化が行われたものの、台車は平軸受のままである。
1962.4.21　曳舟　P:宇野　昭

モハ5454(→モハ3561)の茶色時代。側引戸は木製、側出入口はステップ付きの原型に近い姿を副運転室側から見る。貫通路に幌の準備のない端正な顔付き。
1957.1　業平橋　P:佐藤進一

モハ5455(→モハ3159)のオレンジ1色時代。出入口ステップの廃止、側引戸鋼製プレスドア化、正面貫通幌取付座付の姿。パンタは後位側で、前位側にはパンタ台と歩み板が見える。台車は平軸受のままである。
1961.2　曳舟　P：宇野　昭

モハ5456(→モハ3358)のオレンジ＋ベージュ時代。側引戸鋼製プレスドア化、正面貫通幌取付座付の姿。台車はコロ軸受化されている。乗務員扉は開戸ではなく引戸である。
1966.7.11　館林電車区　P：宇野　昭

モハ5460(→モハ3558)のオレンジ＋ベージュ時代。デハ1103を戦災復旧の際に正面非貫通化と運転台中央化が行われ、デハ10系の端正な顔付きは一変した。側引戸鋼製プレスドア化と台車のコロ軸受化改造済み。
1966.7.11　館林電車区
P：宇野　昭

モハ5461(→モハ3357)のオレンジ＋ベージュ時代。デハ1203を戦災復旧の際に正面非貫通化と運転台中央化が行われ、顔付きが一変した。上記のモハ5460ともにデハ10系一族であるが、1943(昭和18)年製の電動車ラストグループであるモハ5461と1935(昭和10)年製の一次車のモハ5460は車体全長を含めて窓配置が大きく異なり、5460のドア間10窓に対して5461は８窓、車端部は5460の前位１窓・後位側２窓に対して5461は前位２窓、後位側は３窓という違いがある。側引戸鋼製プレスドア化と台車のコロ軸受化改造済み。
1966.6.26　川俣　P：中村夙雄

モハニ5471(→モハ5471→モハ3151)の茶色時代。東武3000系列の種車236両の中でも特に複雑な履歴を持つモハニ5471は、1927(昭和2)年に郵便室付制御合造車クハユ5として生まれ、荷物室付制御車クハニ5に改造。1932年の電装化で110kWのモーターを装荷してデハニ2となって自力で走れるようになり、後に荷室を客室化してデハ88一般車に。戦後の大改番時に再び荷物合造電動車モハニ5471という名前をもらい、人貨輸送に活躍。昭和40年代に入りそのまま3050系に更新すると思いきや、1969(昭和44)年に荷室の客室化改造で大きな扉がなくなり、その後更新されるという波乱の人生ならぬ車生を歩んだ。　1964年頃　杉戸駅？　P：合葉清治

モハニ5473→モハ5473(→モハ3564)のモハニ時代(左)とモハ時代(右)。前身はクハニ33→デハニ5→デハ91。側引戸が鋼製プレスドア化されて、客室出入口のステップは撤去、乗務員出入口のステップは右のモハ時代には撤去されている。台車はモハニ時代の平軸受から、モハ時代にはコロ軸受化されている。1960.1.1　西新井　P：阿部一紀／右：1973.5　西新井工場　P：宮田敦彦

モハニ5474(→モハ5474→モハ3154)のオレンジ+ベージュ時代。前身はクハニ34→デハニ6→デハ92。側引戸鋼製プレスドア化、台車コロ軸受化で、乗務員出入口にはステップが残っている。準急の先頭で活躍中の姿。
1965.1.9　西新井　P：宇野　昭

左はモハユ5490(→モハ5490→モハ3354)のオレンジ+ベージュ時代。浅草行準急の先頭に立つ姿。側引戸鋼製プレスドア化、乗務員出入口のステップ撤去、台車コロ軸受化後の姿。東上線のモハユ3290(中巻33頁参照)との主な違いは車体裾が切込み付きであること、乗務員扉と荷室扉の間に窓がないのに対して窓が1枚あることである。更新前に郵便室を客室化改造で一般車となったが、郵便車を表す90番代の数字はそのままでモハ5490(右)となった。　左：1966.7.11　館林　P：宇野　昭／右：年月不詳　葛生　P所蔵：宮下洋一

クハ247(→クハ3457)のオレンジ+ベージュ時代。1943(昭和18)年に木造客車の鋼体化でクハ108となったが、その前歴をたどるとトク500ということになっている。貴賓車の同車は戦後までしばらくの間、西新井工場の倉庫代わりとなって存在はしていたので明らかな名目上の種車である。デハ10系の流れを汲む平妻の車体形状を持つ。側出入口ステップを廃止し、側引戸は鋼製プレスドアに交換され、正面は貫通幌取付座が付いて、正面窓のHゴム支持化と台車はコロ軸化が行われている。
1969.9.12　七光台電車区　P：宇野　昭

クハ266(→クハ3456)の茶色時代。1928(昭和3)年製クハニ27を1951年の大改番でクハニ287を経て1955年に荷物室を客室化する一般車化改造でクハ250形266となった。多くのクハ250形と異なるところは正面を貫通化改造して貫通幌取付座が付いたことで、運転台側は左側隅となった。側出入口ステップを廃止し、側引戸鋼製プレスドア化、台車はコロ軸受化されている。　1963.1.3　太田　P：宇野　昭

クハ267(→サハ3251)の茶色時代。1954(昭和29)年に一般車化改造でクハ250形267となった直後の準急浅草行の先頭に立つ姿で、写真の編成はクハ267+モハ5473+モハ5432+クハ504。正面は非貫通で中央運転台、側引戸は木製で乗務員室を含め出入口にステップがある。
1956.2.14　北千住　P：丸森茂男

クハ400二代目（→クハ3663）の茶色時代。1937（昭和12）年製のデハ10系二次車のクハ1105が1951年の大改番でクハ404となり、翌52年の再改番でクハ400と番号の交換を行い、クハ400二代目となった。相手の元クハ400はクハ350二代目になるというややこしい話である。登場当初から正面貫通型で省電に似た端正な顔立ちは、昭和30年代になって巨大な貫通幌取付座が取り付けられ、大きく変化した。側出入口のステップの廃止と側引戸の鋼製プレスドア化が行われている。

1961.2　曳舟　P：宇野　昭

クハ423（→サハ3258）のオレンジ＋ベージュ時代。1948（昭和23）年日車製のクハ331を出自とする運輸省規格型電車である。「関東型」と言われる平凡な近距離用３扉通勤型電車で出入口のステップもない。当初、正面は非貫通３枚窓であったが、貫通化されて貫通幌取付座が付いて正面窓はHゴム支持化、側引戸は腰板にプレス凹みのないタイプのものに交換されている。台車はコロ軸受化されている。

1969.9.12　七光台電車区　P：宇野　昭

クハ424（→クハ3459）のオレンジ＋ベージュ時代。車体裾から露出した台枠から客車台枠の流用がよくわかる。側引戸鋼製プレスドア化、正面貫通化と貫通幌取付座取付、正面窓のHゴム支持化、台車コロ軸受化が行われている。

1969.9.28　七光台電車区　P：中村夙雄

クハ451二代目（→クハ3661）のオレンジ＋ベージュ時代。戦災国電モハ31形31099出自の叩き直しである。正面の車体形状は、1968（昭和43）年時点では非貫通３枚窓の原形を保っていたが、貫通化されて正面窓のHゴム支持化と貫通幌取付座の取付で東武風の顔付きとなった。側窓に省電31系の面影が残る一方、側引戸の鋼製プレスドア化が行われている。台車はクハ450当初は住友（扶桑）金属製KS-33L系を履いていたが、1950（昭和25）年日車製のウィングバネのW-2-18（東武形式：TRN-50）に交換されている。

1969.9.12　七光台電車区　P：宇野　昭

クハ452二代目（→クハ3453）のオレンジ＋ベージュ時代。前述のクハ451二代目とほぼ同じスタイルであるが、種車は省電モハ32026とされるものの敗戦後の混乱期でもあり、この履歴は少々疑わしい。側引戸の鋼製プレスドア化、正面貫通化で貫通幌取付座取付後であるが、正面窓は木枠のまま。台車は日車製ウィングバネTRN-50を履く。

1965.9.23　赤城　P：宇野　昭

クハ453二代目(→クハ3662)のオレンジ+ベージュ時代で、出自は鉄道省モハ50094とされるものの、窓配置はモハ31に近い。正面貫通化、貫通幌取付座取付、正面窓Hゴム支持化、側引戸鋼製プレスドア化後の姿。イコライザー台車はコロ軸受化されている。　1966.6.26　春日部　P：中村夙雄

クハ454(→クハ3452)のオレンジ+ベージュ時代。種車のクハ65179の面影をよく残しているが、戦災復旧時に正面貫通型から非貫通３枚窓に改造されている。側引戸は鋼製プレスドア化、台車は種車のTR11ではなく、日車製を履く。正面雨樋のへの字形状がこの車特有の特徴。　1966.7.11　館林　P：宇野　昭

クハ455(→クハ3451)のオレンジ+ベージュ時代。種車のクハ65054は鋼板張上屋根であったが、戦災復旧時に正面非貫通化されたほか元々あった雨樋がなくなり、半月状の水切が付く特異な外観となった(茶色時代の写真は中巻15頁参照)。その後側引戸交換(その後正面３枚窓のHゴム支持化)が行われたが、台車は平軸受のままであった。
1966.3.5　葛生　P：中村夙雄

クハ456二代目(→クハ3458)のオレンジ+ベージュ時代２態。省電モハ50059の張上屋根時代そのままの雨樋と屋根上のガーランド式通風器、中央の歩み板が出自を語る。埋込式であった前照灯はステーによる取付式になり、正面非貫通化と側引戸の鋼製プレスドア化が行われている。種車由来のTR11台車は平軸受である。左写真からわずか１年足らずの間で正面貫通化改造が行われ(右)、巨大な貫通幌取付座とHゴム支持化された高さの不揃いなガラス窓の落ち着かない顔に変化した。
左：1965.9.23　赤城／右：1966.7.11　館林　P(２枚とも)：宇野　昭

クハ457二代目(→クハ3454)の茶色時代(左)とオレンジ+ベージュ時代(右)。種車はモハであるが、その痕跡がわからないことを除けばほぼ省電モハ31084時代のままの外観を保つ。側引戸は鋼製プレスドア化された。TR11台車は平軸受のままであるが、両抱き式の基礎ブレーキ装置のテコが電動車用台車DT10と同様のタイプに見える。　左：1964.3.20　浅草／右：1966.7.11　館林電車区　P(２枚とも)：宇野　昭

クハ458二代目(→クハ3664)のオレンジ+ベージュ時代(茶色時代の写真は中巻15頁参照)。種車の外観をよく残しながらも正面窓のHゴム支持化が行われた。運転台は中央である。側引戸は鋼製プレスドア化されたが、一部は腰板にプレス凹みのないタイプとなっている。台車はDT10タイプのTR11であったが、この時は日車製ウィングバネのTRN-50に履き替えている。
1969.10.4　館林　P：荻原俊夫

クハ500(→クハ3655)の茶色時代。1924(大正13)年製木造客車が1951(昭和26)年の鋼体化でクハ500となった。初回の鋼体化車であるクハ240形と外観が似ているが、側出入口ステップの廃止で車体裾が一直線となり、碗状通風器をやめ、ガーランド式通風器となった。車体は隅柱に丸みがある平妻である。側引戸は鋼製プレスドアに交換されている。汽車製のウィングバネ台車は鋳鋼製台車枠で、国鉄客車用TR47と似た外観である
。　1961.11.5　曳舟　P：宇野　昭

クハ501(→サハ3256)の茶色時代を後位トイレ側から見る。前後に貫通幌がなく、側引戸は鋼製プレスドア化された姿。
1955.3.20　竹ノ塚　P：佐藤進一

クハ502(→サハ3254)のオレンジ+ベージュ時代。側引戸鋼製プレスドア化と正面に貫通幌取付座取付、正面窓Hゴム化後の姿。写真は東武鉄道蒸気機関車さよなら運転時のもので、テールマークを掲出し蒸気機関車+電車列車の最後尾に連結されている。
1966.6.26　佐野線　P：伊藤　昭・威信

クハ503(→クハ3659)のオレンジ+ベージュ時代。側引戸鋼製プレスドア化、正面に貫通幌取付座取付、正面窓Hゴム支持化後の姿。台車はコロ軸受化されている。
1966.7.11　館林電車区　P：宇野　昭

クハ515(→クハ3651)のオレンジ＋ベージュ時代。側引戸鋼製プレスドア化、貫通幌取付座が付いた姿。台車は日車製ウィングバネのTRN-50を履く。鋼板溶接台車枠とスポーク輪芯車輪の足許が、オレンジ＋ベージュの塗色と相俟ってこの車を軽快に見せている。
1969.9.12　春日部検修区　P：宇野　昭

クハ516(→クハ3653)の茶色時代。側引戸鋼製プレスドア化、正面貫通幌取付座が付いた姿。台車は平軸受のままである。
1963.1.3　太田　P：宇野　昭

クハ517(→クハ3652)の茶色時代(左)とオレンジ＋ベージュ時代(右)。国電クハ47に似た雰囲気の端正な外観で、側引戸が鋼製プレスドア化された以外は鋼体化時の原形を保つ。右写真は貫通幌取付座が付いて正面窓がHゴム支持になり、台車がコロ軸受化された姿。
右：1959.5.4　赤城　P：中本雅博／左：1966.7.11　館林電車区　P：宇野　昭

クハ544(→クハ3657)の茶色時代。1941(昭和16)年の木造客車の鋼体化でサハ104となり、1951年の大改番でサハ73に名を変えた。1958年に同型の3両がクハ541～543に改造後、残った73は1961年に改造して、544になった。1両のみ更新が遅れて3050系の種車となった。側引戸鋼製プレスドア化、正面貫通幌取付座が付き、正面窓はHゴム支持化された姿。正面の車体裾が下に延ばされている。TR11台車は平軸受のままである。1964.3.20　曳舟　P：宇野　昭

クハ550二代目(→クハ3654)のオレンジ+ベージュ時代。1950〜51(昭和25〜26)年の第二次木造客車鋼体化で50年にサハ80となった後、1954年に制御車化改造でクハ550(二代目)となった。第一次鋼体化車と外観は似ているが、通風器は碗状からガーランド式が中央1列となった。側引戸鋼製プレスドア化、正面貫通幌取付座取付、正面窓がHゴム支持化後の姿。
撮影日時不明　葛生　P所蔵：宮下洋一

クハ551二代目(→クハ3656)のオレンジ+ベージュ時代。側引戸鋼製プレスドア化、正面窓はHゴム支持となっているが、貫通幌はない。この頃になるとATSが装備され、床下機器が増えて先頭台車の前には車上子が見える。コロ軸受化されたTR11台車には圧延プレート輪芯の車輪を装着している。
1972.5.21　六実　P：中村夙雄

クハ552二代目(→サハ3259)のオレンジ+ベージュ時代。側引戸は腰板にプレス凹みのない新しいプレスドアに交換、正面貫通幌取付座の取付後、正面窓はHゴム支持化された姿。コロ軸受化された台車は圧延プレート輪芯の車輪を装着。
1969.9.12　七光台電車区　P：宇野　昭

クハ553二代目(→クハ3658)の茶色時代。1950(昭和25)年にサハ83に鋼体化後、1954年にクハ化された直後の姿。1951年8月の浅草工場火災で被災した6両の代替新造車クハ550形が完成後すぐにモハ5320形に電装化されて消滅したため、1954(昭和29)年の改造で早くも二代目クハ550形の誕生となった。写真はその直後の姿である。17m級の国電クハ16を2扉化したような端正な外観の車体の摺から、チラリと客車時代の台枠が覗く。側引戸は鋼製プレスドア化されている。　1954.10　春日部　P：竹中泰彦

クハ554二代目(→サハ3257)の茶色時代(左)とオレンジ+ベージュ時代(右)。側引戸鋼製プレスドア化以外は原形を保った姿。台車は平軸受のままである。
1963.9.22　曳舟／1969.9.12　七光台電車区　P(2枚とも)：宇野　昭

クハ555二代目(→サハ3255)他(横寄り)の茶色時代。1955(昭和30)年にクハ化改造後の姿。側引戸は鋼製プレスドア化されている。　1960.8　曳舟　P：宇野　昭

クハ560(→クハ3460)のオレンジ+ベージュ時代。側引戸鋼製プレスドア化、正面窓のHゴム支持化はされたが、貫通幌取付準備のないスッキリした姿。台車はコロ軸受になり、圧延プレート輪芯の車輪を装着。　1969.9.12　七光台電車区　P：宇野　昭

クハ556(→サハ3253)の茶色時代。側引戸が鋼製プレスドアに交換され、正面窓はHゴム支持化されたが、正面は貫通幌取付座がない代わりに車体外板が連結器を囲む位置まで大きく下に延ばされ、装甲車のような異様な外観となった。
1964.3.20　曳舟　P：宇野　昭

クハ561(→サハ3260)のオレンジ1色時代。1924(大正13)年製長岡鉄道由来の木造客車が1950(昭和25)年の鋼体化でサハ95となり、1955年の改造でクハ561となった。由来の側引戸が鋼製プレスドア化された以外原形を保った姿で、台車は平軸受のままである。　1963.1.20　池袋　P：阿部一紀

クハ562(→クハ3660)のオレンジ1色時代。来歴は長岡鉄道ホハニ1→サハ101→サハ51→サハ94で、正面窓は木枠支持のままで側引戸以外原形を保った姿。
1963.9.22　川越電車区　P：宇野　昭

クハ563(→クハ3455)のオレンジ+ベージュ時代。側引戸が鋼製プレスドア化された以外原形を保つ。
1964.5.24　六実　P：宇野　昭

モハ5310(→モハ5304→モハ3374)の急行色時代(上)とオレンジ＋ベージュ時代の姿。1937(昭和12)年にデハ10系二次車デハ11形1104として生まれ、1951年の大改番時に一旦モハ5440形5442となった後、特急用として性能アップのために高回転型110kWのTDK-528モーターを1948(昭和23)年製のモハ5300形から譲り受けてモハ5310形となった姿が上写真で、側出入口にはステップがあり、側引戸は木製である。
左はそれから約18年後のほぼ同じアングルでの撮影。車体は1970(昭和45)年に３扉ロングシート化改造を受けて近距離通勤型電車となった。往時の特急時代の面影は、前頭部にわずかに残るのみとなった。正面窓ゴム支持化に加え、前照灯の２灯化で、モハ7800形の３扉版の印象になる。この大改造で3000系列への更新が遅れ、1975(昭和50)年にようやく中間車モハ5304に生まれ変わる直前の姿。

上：1956.11.23　西新井電車区
左：1974.6.16　七光台電車区
P(２枚とも)：中村夙雄

モハ5311(→モハ5505→モハ3575)の急行色時代。昭和12年にデハ1103として生まれ、26年大改番でモハ5443になってすぐ、特急車用として性能強化を図ってモハ5311となる。サイドシートをクロスシートに改造し、クハ同様オールクロスシート車となった。東上線に転じた5313・5314を除く5310～5312は本線に残り、27年に貫通幌を設置。28年に急行に格下げが行われてクリーム・ライトブルーに塗り替えられた。写真左はその直後の副運転台側からで、側出入口のステップがあり、パンタは2基である。

左：1953.8.2　竹ノ塚　P所蔵：豊永泰太郎／右：1959.10.9　東武日光　P：中本雅博

モハ5312(→モハ5104→モハ3174)の腰板マルーン・上半部ベージュに腰帯ライトブルーの種別「急行A」色時代。正面窓はHゴム化されている。側引戸は腰板にプレス凹みのないタイプに交換。台車はコロ軸受化済み。
1966.7.11　春日部　P：宇野　昭

モハ5312の副運転台側。上記急行色時代より遡ること12年前の姿。両運転台で出入口ステップ付きの時代である。
1954.8　西新井　P：村多　正

モハ5313(→モハ5105→モハ3175)のオレンジ+ベージュ時代で、上巻25頁の「青い鳥号」写真の21年後の姿。1970(昭和45)年の３扉化・４両固定編成化の改造で完全な中間車になった。増設された中央の側引戸のみ腰板にプレス凹みのないタイプとなっている。50年の更新で再び先頭車モハ5105となった。
1973.12.4　六実　P：中村夙雄

■東武鉄道 車両竣工図表 モハ5310形5311

資料所蔵：亀井秀夫

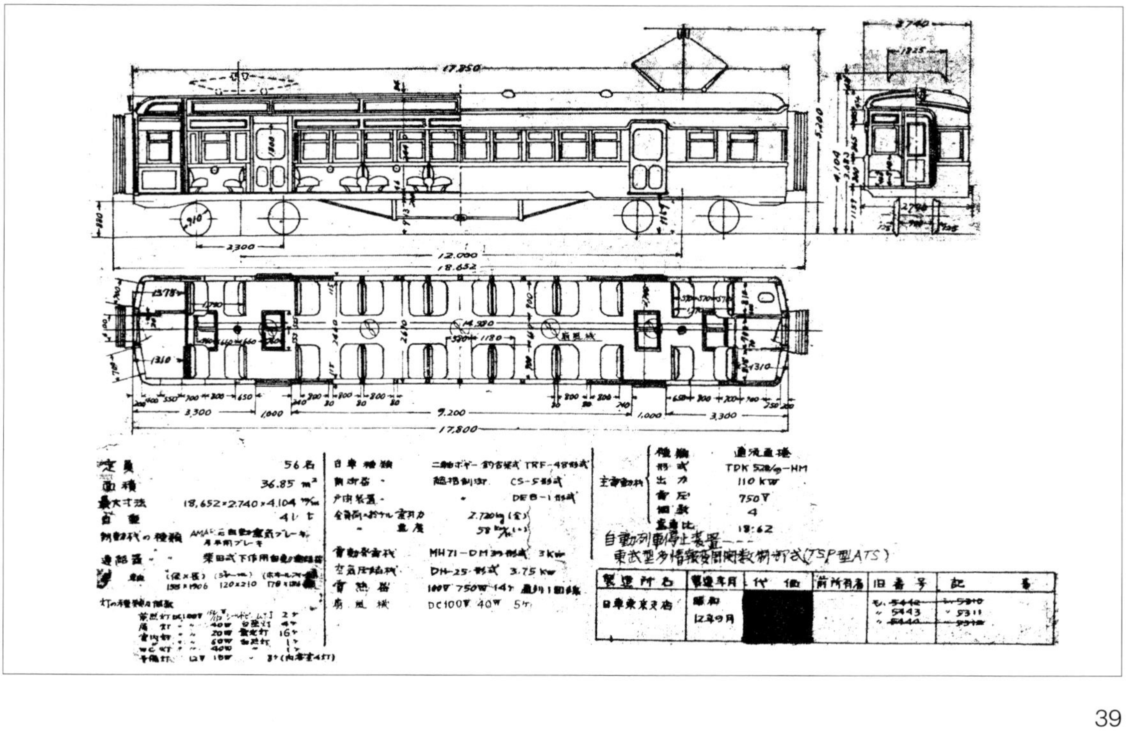

モハ5314(→モハ5305→モハ3375)の1960年代と1970年代。上はブルーに腰帯イエローの「フライング東上号」時代で、副運転室側を先頭としている。前位側にパンタが見える。側出入口ステップはなく、側引戸は鋼製プレスドア化後の姿。1952(昭和27)年に東上線に移り「フライング東上号」で走り始めた時は後位側にパンタが付いていた。撮影年月は不詳であるが、隣の貨車の検査表記から昭和35～37年頃の撮影と思われる。
左はオレンジ+ベージュ時代(空気側)で、一般車に格下げされ3扉・4両固定化後の姿である。車端部の窓は中央部と同じ幅の間柱で各1枚増設したため、車端部の隅柱部分が広くなった。1975(昭和50)年に中間車モハ5305に更新された。
上：1960～62年頃　寄居？　P：合葉清治
左：1974.6.16　七光台電車区　P：中村夙雄

モハ5315(→モハ5101→モハ3171)の急行色2色時代。1937(昭和12)年製デハ10系二次車のクハ1106として登場したが、戦災に遭い、復旧と大改番でクハ350初代→クハ332二代目→クハ401二代目を経て1961(昭和36)年の電装化でモハ5315となった。側出入口ステップの廃止と側引戸鋼製プレスドア化、台車のコロ軸受化がされているが、正面窓は木枠のままである。
1964.1.1　西新井工場　P：阿部一紀

モハ5316(→モハ5504→モハ3574)の急行色2色時代。1938(昭和13)年製デハ10系二次車クハ1107として生まれたが、前述のクハ1106と同じく戦災に遭い、同様の経緯をたどって1962(昭和37)年の電装化でモハ5316となった。側出入口ステップの撤去と側引戸鋼製プレスドア化、台車のコロ軸受化、正面窓はHゴム支持化されている。
1965.3.28　竹ノ塚　P：宇野　昭

モハ5317(→モハ5301→モハ3371)のオレンジ+ベージュ時代。1924(大正13)年製木造客車ホハ36を付随電車化し、サハ12として外観は木造客車のままで電車に挟まれて活躍したが、1951(昭和26)年の鋼体化でクハ500形510となり、正真正銘の電車に生まれ変わる。1964(昭和39)年の電装化でモハ5317となった。窓10枚分のロングシートを持つ近距離用の2扉車でトイレはない。更新前の晩年の姿で、パンタは標準サイズのPT-42系となっている。1974(昭和49)年にモハ5301に更新される直前の姿。
1974.7.21　栃木　P:林　智春

モハ5318(→モハ5302→モハ3372)のオレンジ+ベージュ時代。クハ511からの電装化は1965(昭和40)年で、写真はその間もない頃のもの。側引戸鋼製プレスドア化、正面窓Hゴム支持化と台車はコロ軸受化が行われている。パンタはPS-13を後位側に載せている。
1967.3.26　西新井　P:荻原二郎

モハ5319(→モハ5103→モハ3173)のオレンジ+ベージュ時代で、急行色のモハ5320形と組んで快速で活躍中の姿。電気側で多段式の主制御器が見える。1965(昭和40)年の電装化でモハ5319となった。パンタはPS-13を装備、正面には貫通幌はなく、取付座が付いている。2扉ロングシート車であるが、相方クハの後位にはトイレが見える。1967.4.16　業平橋　P:矢崎康雄

モハ5320(→モハ5501→モハ3571)の腰板マルーン・上半部ベージュの快速色2色時代。快速色は腰板のライトブルーから6000系以降でマルーンに改められ、在来車も合わせて塗り替えられたその直後の姿。貫通幌、12枚の側窓がズラリと並んだ2扉の側面、前に大きく張り出した長い歩み板、貫通路脇に取り付けられたクラブハンドルが見える。妻板右隅には「宇都宮車輌」の銘板が付いている。側引戸鋼製プレスドア化されたが、正面窓は木枠のままである。台車はコロ軸受化された。
1965.3.28　竹ノ塚　P:宇野　昭

■東武鉄道 車両竣工図表 モハ5310形5317～5319・5324

資料所蔵:亀井秀夫

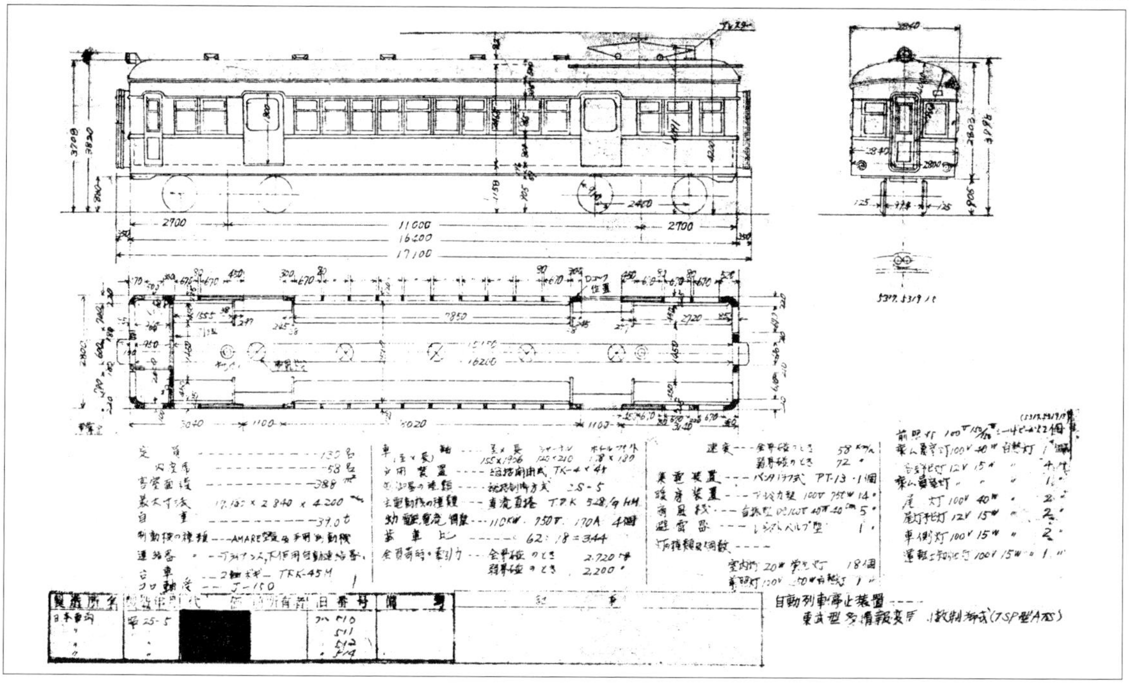

モハ5321(→モハ5502→モハ3572)の急行色2色時代。1951(昭和26)年8月の浅草工場火災で6両を焼失し、同年末に代替新造されたクハ550形6両は営業に出る間もなく翌52年に電装化されてモハ5320形5321となった。貫通幌が付き、前位にパンタが載った姿は東武版国電クモハ53といった趣がある。正面窓は木枠のままであるが、台車はコロ軸受化された。 1964.3.8 竹ノ塚 P:中本雅博

モハ5322(→モハ5503→モハ3573)の茶色時代。側引戸・貫通開戸が木製で電装化間もない頃と思われる。側窓がずらりと並び貫通幌を備えて前位にパンタを載せた姿は、急拵えで製造し完成後すぐに電装化したとはとても思えず、最初からモハで製造したような完成度の高いスタイル。車体全長18.7m・12枚の連窓が壮観である。周辺には人家もなく草原が広がる風景から昭和30年以前の撮影と思われる。
1952年頃 西新井工場 P所蔵:鈴木靖人

モハ5323(→モハ5102→モハ3172)の急行色2色時代。下り快速で活躍中の姿。CS-5電磁空気カム軸式主制御器が見える。パンタは新型のPT-42系、台車はコロ軸受化済み。正面窓は木枠で貫通幌を備えた好ましいスタイル。
1961.11.5 曳舟 P:宇野 昭

モハ5324二代目(→モハ5303→モハ3373)の前身クハ514の茶色時代(左)と5324改造後のオレンジ+ベージュ時代(右)。いずれも側引戸鋼製プレスドア化、正面貫通幌取付座取付、正面窓Hゴム支持化後の姿。台車は左写真の時点では日車製ウィングバネTRN-50(平軸受)であるが、イコライザー式TRN-37に交換された。1951(昭和26)年に鋼体化されたクハ514が1966年の電装化でモハ5324二代目となったが、モハ5320形で最も遅い電装化であった。初代モハ5324は後述するモハ5800直角カルダン試験車の前身の番号である。
左:1963.1.3 太田 P:宇野 昭/右:1974.9.6 西新井工場 P:田中景一

モハ5800(→モハ5106→モハ3176)の急行２色・カルダン駆動時代の電気側。MMC多段式主制御器が見える。側引戸は鋼製プレスドア化されているが、正面窓等、原形を保つ姿。貫通路両脇に白いクラブレールが見える。1966(昭和41)年にカルダン駆動を諦め、クハ700形と台車を交換し、FS-106にTDK-528モーターを装荷した吊掛駆動になった。番号は変わらずに1975(昭和50)年に5000系更新の種車になって消えた。

1962.11.25　西新井工場　P：宇野　昭

モハ5801(→モハ5306→モハ3376)の急行２色・カルダン駆動時代(空気側)で、主抵抗器・MG・電動空気圧縮機が見える。側引戸は鋼製プレスドア化され、パンタはPT-42系に交換された以外、正面等は原形を保っている。1963(昭和38)年にモハ5800より先にカルダン駆動を諦め、クハ700形と台車を交換し、FS-106にTDK-528モーターを装荷した吊掛駆動になった。番号は変わらず、1975(昭和50)年に5000系更新の種車になった。

1959.10.9　東武日光　P：中本雅博

クハ340(→クハ5602→クハ3672)の快速色時代。1951(昭和26)年の鋼体化でクハ500形クハ522が生まれたが、その翌年にクハ550形の電装化の連結相手として抜擢され、マスコンを交換して改番しクハ340形クハ340となった。側引戸は鋼製プレスドア化されている。弓型イコライザー台車を履いている。元クハを急遽電装化したモハが鋼体化クハより１年遅い製造で、車体全長がドア間10枚窓のクハより窓２枚分長い18.7mであるが、スタイルは変わらないので全く違和感のない整った編成となっている。

1961.11.5　曳舟　P：宇野　昭

クハ342(→クハ5603→クハ3673)の急行2色時代。前身は鉄道省ナハ12523→クハ520とされる。中間に入り貫通幌を広げた姿。側引戸鋼製プレスドア化、台車のコロ軸受化以外原形を保っている。

1964.3.8　竹ノ塚　P：中本雅博

クハ341（→クハ5601→クハ3672）の急行２色時代。側引戸鋼製プレスドア化、正面窓Hゴム支持化が行われた姿。イコライザー台車はコロ軸化が行われている。床下にはトラス棒が見える。1974（昭和49）年にクハ5601に更新された。　1966.7.11　野田電車区　P：宇野　昭

クハ343（→クハ5402→クハ3472）の急行２色時代。前身は鉄道省ナハ12365→クハ521とされる。側引戸鋼製プレスドア化、正面窓Hゴム支持化、台車のコロ軸受化が行われた姿。1974（昭和49）年にクハ5402に更新された。
1965.3.28　竹ノ塚　P：宇野　昭

クハ344（→サハ5206→サハ3276）の急行２色時代。前身は鉄道省ナロハ21729→東武クハ518とされる。側引戸鋼製プレスドア化、正面窓Hゴム支持化、日車製ウィングバネ台車TRN-50のコロ軸受化が行われている。1975（昭和50）年にサハ5206に更新されて姿を消した。
1967.5.2　西新井　P：矢崎康雄

クハ345(→クハ5406→クハ3476)の急行2色時代。前身は鉄道省ナハ22011→東武クハ519とされる。側引戸鋼製プレスドア化、正面窓Hゴム支持化、台車のコロ軸受化が行われている。昭和50年にクハ5406に更新された。
1965.3.28　竹ノ塚　P：宇野　昭

クハ347(→クハ5604→クハ3674)の前身、茶色時代クハ507鋼体化当時の姿。側引戸と貫通開戸が木製である。台車は扶桑金属製の新型ウィングバネFS-7を履いている。妻面右下には「宇都宮車輌」と白ペイントされた銘板が読める。同社は旧中島飛行機で、敗戦後にGHQにより航空機製造禁止命令を受けて富士産業と名前を変えて平和産業への転換を図った。航空機以外の製造に軸足を移し、富士産業宇都宮工場として鉄道車両の改造・製造を始め、1946(昭和21)年12月に戦災車両の復旧第一号を完成させた。1955(昭和30)年に宇都宮車輌は、自動車関連を含む5社とともに合併して富士重工業となった。
1951.4.8　西新井　P：丸森茂男

クハ350二代目(→サハ5205→サハ3275)の急行2色時代。1935(昭和10)年製デハ10系一次車のクハ10形101～103の3両が誕生したうちの初号車。1951年の大改番でこの3両は一旦クハ400形401～403となり、同年にマスコンを交換してクハ350形350～352となった。側出入口ステップ撤去、側引戸鋼製プレスドア化、正面窓Hゴム支持化、台車コロ軸が行われた姿。台車はウィングバネFS-7を履いている。
1966.6.26　春日部　P：中村夙雄

クハ349(→サハ5201→サハ3271)のオレンジ+ベージュ時代の大師線で活躍する姿。側引戸鋼製プレスドア化、正面窓Hゴム支持化、台車コロ軸受化が行われている。前位台車の後ろにDH-25電動空気圧縮機が見える。
1967.3.26　西新井　P：荻原二郎

クハ351二代目(→クハ5605→クハ3675)の快速2色で大師線で活躍中の姿。側出入口ステップの撤去、側引戸鋼製プレスドア化が行われている。台車FS-7はまだ平軸受のままである。
1959.4　大師前　P：村多　正

クハ352(→クハ5405→クハ3475)の快速2色・2扉時代(左)とオレンジ+ベージュ・3扉時代の姿(右)。左写真では側出入口ステップの撤去、側引戸鋼製プレスドア化、台車コロ軸受化が行われている。右は3扉ロングシート車の姿。1975(昭和50)年にクハ5405に更新されて姿を消した。
左：1961.11.5　曳舟　P：宇野　昭／右：1974.1.4　柏　P：中村夙雄

■東武鉄道 車両竣工図表 クハ350形351　　資料所蔵：亀井秀夫

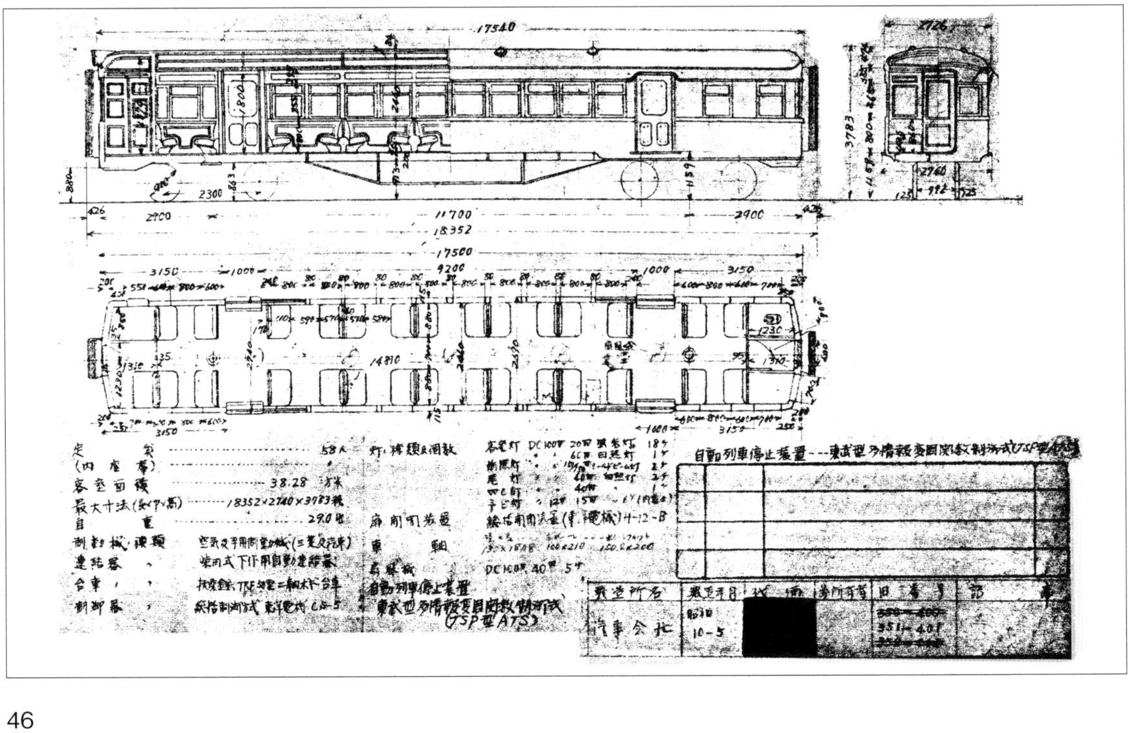

クハ353(→サハ353→クハ5404→クハ3474)の快速2色時代。1937(昭和12)年製のデハ10系二次車クハ11形1104～1108のうちの初号車で、1951年の大改番でクハ403となったが、同年に相方となるモハに合わせてマスコンを交換、クハ350形353に再改番した。側出入口ステップの撤去、側引戸鋼製プレスドア化、台車コロ軸受化が行われているが、正面窓のHゴム化は行われていない。床下にはトラス棒が見える。
1965.3.28　竹ノ塚　P：宇野　昭

クハ405(→クハ354→サハ354→サハ5204→サハ3274)の急行2色時代。側出入口ステップがあり、側引戸が木製の原形を残す後ろ姿。トイレの反対側の右側隅に副運転室のスペースが準備されているように見えるが前照灯がない。床下にはトラス棒が見える。1951年の大改番でクハ405となり、同年にマスコンを交換してクハ354に再改番されているので、撮影は1951(昭和26)年であろう。
1951年　西新井電車区
P所蔵：小松重次

クハ355(→サハ5203→サハ3273)のオレンジ＋ベージュ時代。第二次木造客車鋼体化で、昭和26年にクハ500形508となり、40年に相方モハに合わせたマスコン交換でクハ350形355となった。写真はその後間もない頃の姿。側出入口ステップの撤去、側引戸鋼製プレスドア化、正面窓のHゴム支持化、台車コロ軸受化が行われている。貫通幌は取付座が用意されている。前位台車の後ろにDH-25電動空気圧縮機が見える。
1967.4.25　西新井　P：矢崎康雄

クハ509(→クハ356→クハ5403→クハ3473)の茶色時代、完成直後の姿。側引戸と貫通開戸は木製で、TR11台車を履く。1966(昭和41)年にマスコンを交換してクハ356に改番。1974(昭和49)年にクハ5403に更新されて姿を消した。
1951.3.25　西新井電車区
P：中村夙雄

9. 東武3000系列こぼればなし

9.1 3000系列の床下機器

さまざまな旧型車両の機器を流用して車体を新製した3000系列ではあるが、更新後の機器配置は比較的揃えられていた。ここでは3070系を中心に、各形式の床下機器を紹介する。

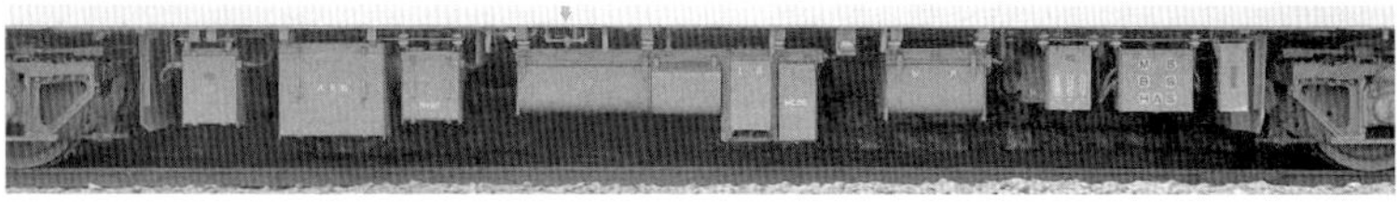

モハ3170形3173主制御器。CS-5主制御器とその右側の「WF」とあるのは弱め界磁用のCS-9界磁制御器である。
1984.3.18西川田　P：塚越哲男

サハ3270形3272バッテリー側。右側に大型バッテリーがあり、MGは持たない。
1983.4.15　栃木　P：塚越哲男

モハ3370形3373主制御器側。モハ3173と基本的に変わらない。
1984.3.18　西川田　P：塚越哲男

クハ3470形3473バッテリー・MG側。4両編成のサービス電源用として9KVAのMGと小型のバッテリーを持つ。
1984.3.18　西川田　P：塚越哲男

モハ3570形3574主制御器側。モハ3173と基本的に変わらない。
1985.12.8　新栃木電車区
P：塚越哲男

クハ3670形3674 バッテリー・MG側。2両編成のサービス電源用として5.5KVAのMGと中・小型のバッテリーを2つ持つ。
1985.12.8　新栃木電車区　P：塚越哲男

モハ3170形3173 主抵抗器側。波型リボン式の主抵抗器と、ブレーキシリンダ—、左端に霜取りパンタ上昇用の小さな空気溜が見える。　1984.10.1　おもちゃのまち
P：塚越哲男

サハ3270形3273 コンプレッサー側。ブレーキシリンダ—と右側にDH-25電動空気圧縮機が見える。　1984.3.4　P：塚越哲男

モハ3370形3373主抵抗器側。モハ3173と基本的に同じで、波型リボン式の主抵抗器、ブレーキシリンダ—、霜取りパンタ上昇用の小さな空気溜が見える。
1984.10.1　おもちゃのまち　P：塚越哲男

クハ3470形3473 コンプレッサー側。サハ3273と基本的に同じである。ブレーキシリンダ—、DH-25電動空気圧縮機が見える。
1984.10.1　おもちゃのまち
P：塚越哲男

モハ3570形3573主抵抗器側。モハ3173と基本的に同じで、波型リボン式の主抵抗器、ブレーキシリンダ―、霜取りパンタ上昇用の小さな空気溜が見える。
1984.2.24　栃木　P：塚越哲男

クハ3670形3673 コンプレッサー側。クハ3473と基本的に同じである。ブレーキシリンダ―、DH-25電動空気圧縮機が見える。
1984.2.24　栃木　P：塚越哲男

モハ3170形3176 主抵抗器側。斜めからのアングルで少し分かりにくいが、他のモハ3170形と同じく波型リボン式の主抵抗器、霜取パンタ上昇用の小さな空気溜があるが、ブレーキシリンダ―はFS-106台車にある。
1989.9.9　壬生　P：宮下洋一

モハ3370形3376 主抵抗器側。斜めからのアングルで少しわかりにくいが、モハ3176と同じく波型リボン式の主抵抗器、霜取パンタ上昇用の小さな空気溜があるが、ブレーキシリンダ―はFS-106(TRF-51M)台車にある。　1989.9.9　壬生　P：宮下洋一

モハ3300形3327主制御器側。3000系モハ3327のES-530主制御器とその周辺である、断流器は右側に別箱となっている。弱め界磁制御がないので界磁制御器はなく、右側に別箱のLB(断流器)がある。
1984.5.27　春日部　P：塚越哲男

モハ3170形3176のCS-5主制御器とその周辺である。弱め界磁制御用のCS-9界磁制御器がある。LBは主制御器の中にある。
1984.3.9　栃木　P：塚越哲男

モハ3550形3554のMCH-200D主制御器とその周辺である。3000系と同じく弱め界磁制御がないので界磁制御器はない。LBは主制御器の中にある。
1990.12.2　田沼　P：宮下洋一

サハ3200形3227は左側にバッテリーがあり、右側にサービス電源として２両給電用の5.5KVAのMGを持つ。
1984.5.27　春日部　P：塚越哲男

サハ3270形3273はMGを持たず、右側に大型バッテリーがある。
1984.3.18　西川田　P：塚越哲男

宇都宮線鬼怒川を渡る３連(モハ3210形＋クハ250形＋クハ240形)。昭和ひと桁生まれの旧デハ５形+クハニ２形と1943(昭和18)年の木造客車鋼体化のクハ240形が手をつなぐ。連結面には貫通幌がない。
1963.8.15　西川田　P：塚越哲男

クハ420+モハニ3270形+モハ3210形+クハ240形であろうか、工場の煙突や、下見板張りの木造建築と軒下に物干し台を横目に下町の風景を行く東武宇都宮行き。昭和ひとケタ生まれの重々しい３両の先頭には窓の大きい木造客車鋼体化のクハが見える。昭和30年代中ごろには側出入口のステップが全廃されたが、まだ茶色の姿である。　1961.10.8　曳舟　P：宇野　昭

運輸省規格型クハ426＋モハ3210形の後ろにまた運輸省規格型のモハ3260形？ +二段窓の窓も小さな車は旧総武鉄道のクハニ470形だろうか？ドアが２つだったり３つだったり、車体の高さも長さもスタイルも異なる４両が一緒になって走るのがこの時代の東武電車の面白さの一つであろう。しかし都会のスマートな新型電車に対してあまりにも古臭く、お客様にとってはただのボロ電車に違いない。茶色１色時代からオレンジ・ベージュ時代となり、3000系への車体更新が始まったばかりの野田線は雑木林の中に住宅が点在するのどかな沿線風景だった。
1965.6　江戸川台—運河
P：宇野　昭

クハ353＋モハ5314の大師線西新井行。大師線の短い区間を元特急車２連が西新井から到着。駅ホームに降り立った参拝客と入れ替わりに学校帰りの高校生の姿が見える。元特急車とは言え、時折クロスシート車がやって来ると、ひと駅でも得した気分になれたかもしれない。多客時用の臨時改札口はこの日は使用せず、広場では梅雨明けが待ち遠しい近所の子供たちの遊び場になっている昼下がりの風景。

1963.7.13　大師前　P：丸森茂男

春日部検修区所属の救援車クエ7001の重要部検査出場試運転。自走できないため7870系２連の併結とされる。同車の試運転はこの後、1983(昭和58)年と1985(昭和60)年10月の２回見られた。クエ7000形については次頁参照。

1982.2.19　姫宮—東武動物公園　P：林　智治

春日部検修区所属の救援車クエ7001のセイジクリーム１色に塗り替えた晩年の姿である。前位側にパンタを持つ。後位側にはパンタ台が残り、旧モハ3244の面影を良く残している。1986(昭和61) 年３月に廃車となって解体された。
1980.12.25　春日部検修区
P：宮下洋一

9.2　旧型車ベースの事業用車両

●クエ7000形7001・7002

東武クエ7000形は、3000系に更新される車両の種車として主要部品を供与して役目を終えた廃車体を流用して生まれた救援車で、1965(昭和40) 年12月に更新モハ3548の種車モハ3244を、1966(昭和41) 年５月には更新モハ3544の種車モハ3240のそれぞれ廃車体を流用し、それぞれクエ7001・7002として1966(昭和41)年３月と６月に完成した。

モーターや制御器もなく自走もできない同車は、両側の運転室周りを残して上回りを撤去。あおり戸付の荷台を車体中央に配置した車体に改造された。パンタグラフを１基搭載したが、MG、CP電源用である。1978(昭和53) 年９月に森林公園検修区のクエ7002が廃車となり、春日部検修区配属のクエ7001は1986年３月に廃車となって姿を消した。

●サヤ8000形8001

東武サヤ8001は1973(昭和48) 年11月に3050系更新車モハ3562の種車として主要部品を供与し、役目を終えたモハ5451の廃車体を流用して1974(昭和49) 年５月にサイリスタ・チョッパ制御の試作車として完

森林公園検修区所属の8000系8124Fのモハ8224とモハ8324の間に挟まれたサイリスタチョッパ制御試験車サヤ8001。旧モハ5451の更新の際、不要になった車体を流用。
1974.6.9　森林公園検修区　P：宮田敦彦

森林公園検修区所属の救援車クエ7002のセージクリーム１色に塗り替え、1978(昭和53)年９月の廃車後の姿を副運転台側から。パンタも台車もなく、線路上から枕木の上に置かれた状態。旧車体モハ3240は車体裾の切り欠きがなく、クエ7001とは種車のタイプが異なっていた。倉庫として使われたのだろうか、数年間この状態であったが、その後解体された。
1982.3.30　森林公園検修区　P：宮下洋一

成。サヤ8001という称号が与えられた。１両のみでモーターもなく自走もできない同車は、森林公園検修区の8000系8124Fのモハ8224-モハ8324の中に挟み込んで以下のような編成となった。

池袋←クハ8124+モハ8224+サヤ8001+モハ8324+クハ8424→寄居

モハ8200形+モハ8300形の永久連結ユニットの中にサヤ8001を挟み込み、モータはモハ２両ユニットの８台をサヤ8001に搭載されたサイリスタ・チョッパ制御装置で制御するという仕組みである。同年６月～12月の本線内走行試験後、同年末には西新井工場に回送され、廃車解体となった。

サヤ8001の種車は、1943年生まれのデハ10系デハ1202が1951年の大改番でモハ5451となった車である。床下には最新鋭の試験用の日立製サイリスタ・チョッパ制御器と平滑リアクトル等のかごのような円筒形の機器が吊り下がり、手持ちの元モハ1600形廃車からの住友KS31L系のイコライザー台車を履き、碗状通風器が並ぶ屋根上に２基のPT-42系パンタを搭載。座席を撤去した室内にも多数の機器が載せられ、モハユニットの間に広幅の貫通幌で繋がれた。相方の8000系モハには重量バランスをとるためか、鋳鉄制輪子が積んであった。

その後、東武鉄道でのサイリスタ・チョッパ制御の

モハ8324+サヤ8001の連結部。旧モハ5451の後位側と貫通幌で繋がっている。この頃の東武の片持ち式貫通幌に見られた、幌の垂れ下がりを防止する支持具の「マジックハンド」がわかる。台車は前年廃車のモハ1600形の住友製イコライザー台車KS-31Lを履く。　1974.6.9　森林公園検修区　P：宮田敦彦

サヤ8001の側面中央部。床下には試験用のサイリスタチョッパ制御の最新の機器が吊り下がっている。
1974.6.9　森林公園検修区　P：宮田敦彦

実用化は他社より遅れて、1981（昭和56）年11月に地下鉄直通用として造られた9000系第1編成9001Fまで約７年の歳月が経過した。その後の増備はしばらくなく、1983（昭和58）年末に8000系の後継車として現れた10000系は複巻モータを使用した抵抗制御ベースの界磁チョッパ制御を採用することになった。

Column　現存唯一の東武3000系、モハ3505号車について

text & photo：日暮成一
現地取材日：2023.3.2

僅かに１両、解体を免れ現存する東武3000系についてご紹介する。

モハ3505は前橋市南東部に位置する清華幼稚園の園庭に1990（平成２）年以来、32年にわたり保存されている。位置的には上毛電鉄の南側になるが、同社とは無関係に東武から直接譲渡されたもので、現車の車号も3505となっている。

譲渡にあたり電装品などは取り付けられたままであり、デッカー純正のM8-Dマスコンや東洋電機ES-530主制御器など、かつての東武32系以来の機器類がそのまま残され、産業文化財の様相を呈している。

また、車体については定期的な再塗装が行われるなど、屋外保存としては良好な状態を保っている。

園長の桑子先生によれば、営団丸ノ内線旧型車の即売が行われた際に応募したものの落選したことがきっかけであり、園児たちと交わした電車を設置する約束を果たすため園長先生自ら知己を頼って尽力され、行きついたのがこの電車とのことだった。

応対下さった桑子先生は高齢であり、継続的な維持管理には不安を覚えると仰られていたことが印象に残る。一方、赤城山周辺には上毛電鉄デハ101をはじめ、東急や小田急などの極めて貴重な保存車両が多く存在していることを踏まえ、この東武モハ3505についても関東の電鉄史の１ページを飾る電車の生き残りとして、包括的かつ継続的な保存の在り方を模索する時期に来ていると考える。

群馬県前橋市の幼稚園で保存されているモハ3505更新車。1990（平成2）年に東武鉄道から購入されて園庭に置かれている。５年に一回は車体の塗装を行って比較的良い状態に保たれている。室内の吊り革は撤去されているが、園児たちの大事な部屋の一部になっている。

デッカーシステムの刻印のされたM8-Dマスコンやブレーキ弁も残されている。設置されて30年以上維持されており、車体は全金車体に更新されているとはいえ、昭和初期の電車が現存していることは大変貴重である。

■東武3050系車歴表（種車順）

作成：稲葉克彦

種車	車番	台車形式	更新年月	備考
モハ5201	モハ3360	TRF-48B	昭48.8.11	
モハ5202	モハ3560	TRF-48B	昭48.9.17	
モハ5203	モハ3160	TRS-28M	昭46.12.13	
モハ5400	モハ3556	TRS-28M	昭47.6.19	
モハ5401	モハ3359	TRS-28M	昭48.6.12	
モハ5410	モハ3155	TRS-28M	昭46.6.24	
モハ5411	モハ3552	TRS-28M	昭47.2.15	
モハ5412	モハ3551	TRS-28M	昭47.1.12	
モハ5413	モハ3158	TRS-28M	昭46.10.16	
モハ5414	モハ3553	TRS-28M	昭47.3.13	
モハ5420	モハ3353	TRS-28M	昭47.11.27	
モハ5421	モハ3554	TRS-28M	昭47.4.10	
モハ5422	モハ3152	TRS-30	昭46.4.22	
モハ5423	モハ3351	TRS-28M	昭47.10.7	
モハ5430	モハ3355	TRS-28M	昭48.2.21	
モハ5431	モハ3559	TRK-49	昭47.9.13	
モハ5432	モハ3555	TRK-49	昭47.5.22	
モハ5433	モハ3356	TRK-49	昭48.3.19	
モハ5434	モハ3352	TRK-49	昭47.11.2	
モハ5440	モハ3153	TRS-35M	昭46.8.18	
モハ5441	モハ3156	TRS-35M	昭46.9.16	
モハ5450	モハ3563	TRN-38	昭48.12.17	
モハ5451	モハ3562	TRN-37	昭48.11.22	→廃車体サヤ8001へ
モハ5452	モハ3557	TRN-37	昭47.7.17	
モハ5453	モハ3157	TRN-37	昭46.7.20	
モハ5454	モハ3561	TRN-37	昭48.7.16	
モハ5455	モハ3159	TRN-37	昭46.11.15	
モハ5456	モハ3358	TRN-37	昭48.5.16	
モハ5460	モハ3558	TRS-35M	昭47.8.12	
モハ5461	モハ3357	TRS-28M	昭48.4.13	
モハ5471	モハ3151	TRS-28M	昭46.3.25	
モハ5473	モハ3564	TRS-28M	昭48.10.16	
モハ5474	モハ3154	TRS-28M	昭46.5.26	
モハ5490	モハ3354	TRS-28M	昭48.1.18	

種車	車番	台車形式	更新年月	備考
クハ247	クハ3457	TR-11	昭46.7.20	
クハ266	クハ3456	TRN-29T	昭46.9.16	
クハ267	サハ3251	TRN-29T	昭47.10.7	
クハ400	クハ3663	TRN-29T	昭48.12.17	
クハ423	サハ3258	TR-11	昭48.5.16	
クハ424	クハ3459	TR-11	昭46.11.15	
クハ451(Ⅱ)	クハ3661	TRN-50	昭48.7.16	
クハ452(Ⅱ)	クハ3453	TRN-50	昭46.8.18	
クハ453(Ⅱ)	クハ3662	TRN-29T	昭48.11.22	
クハ454	クハ3452	TRN-29T	昭46.4.22	
クハ455	クハ3451	TRS-29	昭46.3.25	
クハ456(Ⅱ)	クハ3458	TR-11	昭46.10.16	
クハ457(Ⅱ)	クハ3454	TR-11	昭46.5.26	
クハ458(Ⅱ)	クハ3664	TRN-50	昭48.10.16	
クハ500	クハ3655	TRK-50	昭47.5.22	
クハ501	サハ3256	TRK-50	昭48.3.19	
クハ502	サハ3254	TRK-50	昭48.1.18	
クハ503	クハ3659	TRK-50	昭47.9.13	
クハ504	サハ3252	TRK-50	昭47.11.2	
クハ515	クハ3651	TRN-50	昭47.1.12	
クハ516	クハ3653	TRN-50	昭47.3.13	
クハ517	クハ3652	TRN-50	昭47.2.15	
クハ544	クハ3657	TR-11	昭47.7.17	
クハ550(Ⅱ)	クハ3654	TR-11	昭47.4.10	
クハ551(Ⅱ)	クハ3656	TR-11	昭47.6.19	
クハ552(Ⅱ)	サハ3259	TR-11	昭48.6.12	
クハ553(Ⅱ)	クハ3658	TR-11	昭47.8.12	
クハ554(Ⅱ)	サハ3257	TR-11	昭48.4.13	
クハ555(Ⅱ)	サハ3255	TR-11	昭48.2.21	
クハ556	サハ3253	TR-11	昭47.11.27	
クハ560	クハ3460	TR-11	昭46.12.13	
クハ561	サハ3260	TR-11	昭48.8.11	
クハ562	クハ3660	TR-11	昭48.9.17	
クハ563	クハ3455	TR-11	昭46.6.24	

■東武3070系車歴表（種車順）

作成：稲葉克彦

種車	改番後	更新時	台車形式	更新年月
モハ5310	モハ3374	モハ5304	TRF-48A	昭50.4.16
モハ5311	モハ3575	モハ5505	TRF-48A	昭49.5.24
モハ5312	モハ3174	モハ5104	TRF-48A	昭49.12.19
モハ5313	モハ3175	モハ5105	TRF-48A	昭50.1.20
モハ5314	モハ3375	モハ5305	TRF-48A	昭50.5.23
モハ5315	モハ3171	モハ5101	TRK-45	昭49.6.24
モハ5316	モハ3574	モハ5504	TRK-45	昭49.4.26
モハ5317	モハ3371	モハ5301	TRK-45	昭49.10.2
モハ5318	モハ3372	モハ5302	TRK-45	昭49.11.21
モハ5319	モハ3173	モハ5103	TRK-45	昭49.8.20
モハ5320	モハ3571	モハ5501	TRF-48A	昭49.1.24
モハ5321	モハ3572	モハ5502	TRF-48A	昭49.2.20
モハ5322	モハ3573	モハ5503	TRF-48A	昭49.3.23
モハ5323	モハ3172	モハ5102	TRF-48A	昭49.7.22
モハ5324(Ⅱ)	モハ3373	モハ5303	TRN-37	昭49.9.18
モハ5800	モハ3176	モハ5106	TRF-51M	昭50.2.19
モハ5801	モハ3376	モハ5306	TRF-51M	昭50.3.19

種車	改番後	更新時	台車形式	更新年月
クハ340	クハ3672	クハ5602	TRS-28T	昭49.2.20
クハ341	クハ3671	クハ5601	TRS-28T	昭49.1.24
クハ342	クハ3673	クハ5603	TRS-28T	昭49.3.23
クハ343	クハ3472	クハ5402	TRS-28T	昭49.7.22
クハ344	サハ3276	サハ5206	TRN-50	昭50.3.19
クハ345	クハ3476	クハ5406	TRN-50	昭50.2.19
クハ346	クハ3471	クハ5401	TRF-50	昭49.6.24
クハ347	クハ3674	クハ5604	TRF-50	昭49.4.26
クハ348	サハ3272	サハ5202	TRF-50	昭49.11.21
クハ349	サハ3271	サハ5201	TRN-50	昭49.10.2
クハ350(Ⅱ)	サハ3275	サハ5205	TRF-50	昭50.5.23
クハ351(Ⅱ)	クハ3675	クハ5605	TRF-50	昭49.5.24
クハ352	クハ3475	クハ5405	TRF-50	昭50.1.20
クハ353	クハ3474	クハ5404	TRF-50	昭49.12.19
クハ354	サハ3274	サハ5204	TRF-50	昭50.4.16
クハ355	サハ3273	サハ5203	TRF-50	昭49.9.18
クハ356	クハ3473	クハ5403	TRF-50	昭49.8.20

■東武3050車歴表(更新順)

作成：稲葉克彦

車番	台車形式	更新年月日	種車	備考
モハ3151	TRS-28M	昭46.3.25	モハ5471	
クハ3451	TRS-29	昭46.3.25	クハ455	
モハ3152	TRS-30	昭46.4.22	モハ5422	
クハ3452	TRN-29T	昭46.4.22	クハ454	
モハ3154	TRS-28M	昭46.5.26	モハ5474	
クハ3454	TR-11	昭46.5.26	クハ457(Ⅱ)	
モハ3155	TRS-28M	昭46.6.24	モハ5410	
クハ3455	TR-11	昭46.6.24	クハ563	
モハ3157	TRN-37	昭46.7.20	モハ5453	
クハ3457	TR-11	昭46.7.20	クハ247	
モハ3153	TRS-35M	昭46.8.18	モハ5440	
クハ3453	TRN-50	昭46.8.18	クハ452(Ⅱ)	
モハ3156	TRS-35M	昭46.9.16	モハ5441	
クハ3456	TRN-29T	昭46.9.16	クハ266	
モハ3158	TRS-28M	昭46.10.16	モハ5413	
クハ3458	TR-11	昭46.10.16	クハ456(Ⅱ)	
モハ3159	TRN-37	昭46.11.15	モハ5455	
クハ3459	TR-11	昭46.11.15	クハ424	
モハ3160	TRS-28M	昭46.12.13	モハ5203	
クハ3460	TR-11	昭46.12.13	クハ560	
モハ3551	TRS-28M	昭47.1.12	モハ5412	
クハ3651	TRN-50	昭47.1.12	クハ515	
モハ3552	TRS-28M	昭47.2.15	モハ5411	
クハ3652	TRN-50	昭47.2.15	クハ517	
モハ3553	TRS-28M	昭47.3.13	モハ5414	
クハ3653	TRN-50	昭47.3.13	クハ516	
モハ3554	TRS-28M	昭47.4.10	モハ5421	
クハ3654	TR-11	昭47.4.10	クハ550(Ⅱ)	
モハ3555	TRK-49	昭47.5.22	モハ5432	
クハ3655	TRK-50	昭47.5.22	クハ500	
モハ3556	TRS-28M	昭47.6.19	モハ5400	
クハ3656	TR-11	昭47.6.19	クハ551(Ⅱ)	
モハ3557	TRN-37	昭47.7.17	モハ5452	
クハ3657	TR-11	昭47.7.17	クハ544	
モハ3558	TRS-35M	昭47.8.12	モハ5460	
クハ3658	TR-11	昭47.8.12	クハ553(Ⅱ)	
モハ3559	TRK-49	昭47.9.13	モハ5431	
クハ3659	TRK-50	昭47.9.13	クハ503	
サハ3251	TRN-29T	昭47.10.7	クハ267	
モハ3351	TRS-28M	昭47.10.7	モハ5423	
サハ3252	TRK-50	昭47.11.2	クハ504	
モハ3352	TRK-49	昭47.11.2	モハ5434	
サハ3253	TR-11	昭47.11.27	クハ556	
モハ3353	TRS-28M	昭47.11.27	モハ5420	
サハ3254	TRK-50	昭48.1.18	クハ502	
モハ3354	TRS-28M	昭48.1.18	モハ5490	
サハ3255	TR-11	昭48.2.21	クハ555(Ⅱ)	
モハ3355	TRS-28M	昭48.2.21	モハ5430	
サハ3256	TRK-50	昭48.3.19	クハ501	
モハ3356	TRK-49	昭48.3.19	モハ5433	
サハ3257	TR-11	昭48.4.13	クハ554(Ⅱ)	
モハ3357	TRS-28M	昭48.4.13	モハ5461	
サハ3258	TR-11	昭48.5.16	クハ423	
モハ3358	TRN-37	昭48.5.16	モハ5456	
サハ3259	TR-11	昭48.6.12	クハ552(Ⅱ)	
モハ3359	TRS-28M	昭48.6.12	モハ5401	
モハ3561	TRN-37	昭48.7.16	モハ5454	
クハ3661	TRN-50	昭48.7.16	クハ451(Ⅱ)	
サハ3260	TR-11	昭48.8.11	クハ561	
モハ3360	TRF-48B	昭48.8.11	モハ5201	
モハ3560	TRF-48B	昭48.9.17	モハ5202	
クハ3660	TR-11	昭48.9.17	クハ562	
モハ3564	TRS-28M	昭48.10.16	モハ5473	
クハ3664	TRN-50	昭48.10.16	クハ458(Ⅱ)	
モハ3562	TRN-37	昭48.11.22	モハ5451	→廃車体サヤ8001へ
クハ3662	TRN-29T	昭48.11.22	クハ453(Ⅱ)	
モハ3563	TRN-38	昭48.12.17	モハ5450	
クハ3663	TRN-29T	昭48.12.17	クハ400	

■東武3070系車歴表(更新順)

作成：稲葉克彦

改番後	更新時	台車形式	更新年月日	種車
モハ3571	モハ5501	TRF-48A	昭49.1.24	モハ5320
クハ3671	クハ5601	TRS-28T	昭49.1.24	クハ341
モハ3572	モハ5502	TRF-48A	昭49.2.20	モハ5321
クハ3672	クハ5602	TRS-28T	昭49.2.20	クハ340
モハ3573	モハ5503	TRF-48A	昭49.3.23	モハ5322
クハ3673	クハ5603	TRS-28T	昭49.3.23	クハ342
モハ3574	モハ5504	TRK-45	昭49.4.26	モハ5316
クハ3674	クハ5604	TRF-50	昭49.4.26	クハ347
モハ3575	モハ5505	TRF-48A	昭49.5.24	モハ5311
クハ3675	クハ5605	TRF-50	昭49.5.24	クハ351(Ⅱ)
モハ3171	モハ5101	TRK-45	昭49.6.24	モハ5315
クハ3471	クハ5401	TRF-50	昭49.6.24	クハ346
モハ3172	モハ5102	TRF-48A	昭49.7.22	モハ5323
クハ3472	クハ5402	TRS-28T	昭49.7.22	クハ343
モハ3173	モハ5103	TRK-45	昭49.8.20	モハ5319
クハ3473	クハ5403	TRF-50	昭49.8.20	クハ356
サハ3273	サハ5203	TRF-50	昭49.9.18	クハ355
モハ3373	モハ5303	TRN-37	昭49.9.18	モハ5324(Ⅱ)
サハ3271	サハ5201	TRN-50	昭49.10.2	クハ349
モハ3371	モハ5301	TRK-45	昭49.10.2	モハ5317
サハ3272	サハ5202	TRF-50	昭49.11.21	クハ348
モハ3372	モハ5302	TRK-45	昭49.11.21	モハ5318
モハ3174	モハ5104	TRF-48A	昭49.12.19	モハ5312
クハ3474	クハ5404	TRF-50	昭49.12.19	クハ353
モハ3175	モハ5105	TRF-48A	昭50.1.20	モハ5313
クハ3475	クハ5405	TRF-50	昭50.1.20	クハ352
モハ3176	モハ5106	TRF-51M	昭50.2.19	モハ5800
クハ3476	クハ5406	TRN-50	昭50.2.19	クハ345
サハ3276	サハ5206	TRN-50	昭50.3.19	クハ344
モハ3376	モハ5306	TRF-51M	昭50.3.19	モハ5801
サハ3274	サハ5204	TRF-50	昭50.4.16	クハ354
モハ3374	モハ5304	TRF-48A	昭50.4.16	モハ5310
サハ3275	サハ5205	TRF-50	昭50.5.23	クハ350(Ⅱ)
モハ3375	モハ5305	TRF-48A	昭50.5.23	モハ5314

下巻のおわりに

　下巻では3050・3070系更新車となる種車の概説と１両１両の紹介、更新車の床下機器や屋根上の霜取りパンタ等の形態変化のバリエーションを紹介した。また3000系更新前後の活躍する姿とその周辺で生まれた救援車や試験車、保存車も取り上げた。この企画は拙著『大榮車輌ものがたり』刊行の際、既に思い描いていたものであるが、８年の歳月が経過してしまった。この間、多くの諸先輩方より写真や資料のご協力を頂いたり、様々な助言や励ましのお言葉を頂戴することも度々あった。長い間お待たせしたことに深くお詫びを申し上げる。

　東武鉄道は蒸気機関車による木造客車の時代から電車への動力近代化の歴史があり、その間に生まれた客車を電車化したり、デハ１形などのひとケタから始まる形式の付番方法が追い番式で、車種ごとに番号が重なったり、郵便車や荷物車等の多くの車種を揃え、多岐に亘る車種間改造と電装化、同じ番号の二代目・三代目の設定等々、複雑怪奇な東武の旧型車の全貌を捉えることは容易ではない。上中下巻を世に出させていただいたこの時点でも、形式を問われればすぐに答えられないことがままある。迷った場合は中巻に掲げた「車両変遷表」をご覧いただければと思う。東武旧型車のこの世界に触れて少しでも興味を広げていただけたら望外の喜びである。

　何とか３冊にまとめることが出来たことに、改めてご協力いただいた方々に御礼を申し上げるほか、現存する唯一の3000系保存車であるモハ3505の実車取材を本書下巻のためにしていただいた日暮成一氏の労をねぎらうとともに、編集部の行き届いた本づくりにも感謝を申し上げたい。

　最後に、この本を世に出すにあたり足の不自由な私の取材や作業や日常生活全般にわたって理解と応援をしてくれた妻への感謝をここに捧げる。

■写真・資料提供ご協力者（敬称略）
合葉清治、阿部一紀、伊藤　昭、伊藤威信、
宇野　昭、荻原二郎、荻原俊夫、奥野利夫、
亀井秀夫、小松重次、佐藤進一、沢柳健一、
鈴木靖人、関　周一、高瀬文人、竹中泰彦、
田中景一、塚越哲男、塚本新一、豊永泰太郎、
中村夙雄、中本雅博、花上嘉成、林　智春、
日暮昭彦、日暮成一、藤田吾郎、丸森茂男、
宮下洋一、宮田敦彦、村多　正、矢崎康雄

■参考文献

・『鉄道ピクトリアル』1954年6～9月号「東武鉄道」　青木栄一
・『鉄道ピクトリアル』1961年2～5月号「私鉄車両めぐり 東武鉄道の電車」　青木栄一・花上嘉成
・『東武鉄道六十五年史』　東武鉄道1964年発行
・『鉄道ピクトリアル』1966年5～6月号「私鉄車両めぐり（補遺）東武鉄道」　花上嘉成
・『鉄道ファン』1971年5～6月号「私鉄車両現況（14）東武鉄道」
・『鉄道ピクトリアル』1972年3月臨時増刊号「東武鉄道特集」
・『鉄道ピクトリアル』1981年7月臨時増刊号「東武鉄道特集」
・『私鉄電車のアルバム』各巻　交友社
・保育社『私鉄の車両24　東武鉄道』　飯島巌・卓はじめ・諸河久
・『鉄道ピクトリアル』1990年12月臨時増刊号「東武鉄道特集」
・『鉄道ピクトリアル』1996年8月号「東武3000系ものがたり」　花上嘉成
・『鉄道ピクトリアル』2020年11月号「（特集）東武鉄道野田線」
・JTBキャンブックス『ローカル私鉄車輌20年　東日本編集』　寺田裕一

旧鉄道省の蒸気機関車No.28（ピーコック製）が牽く東武熊谷線の下り列車。客車は1924（大正13）年製の旧デハ１が前身で、電装解除によりクハ１形となり、1951年の大改番でクハ210形となった二重屋根の木造車体である。熊谷線は戦時中の1943（昭和18）年12月５日に軍の命により熊谷～妻沼間10.1kmが建設された路線で、群馬県太田市にある中島飛行機（現 SUBARU）への要員と資材の輸送が目的であったが、1945年の敗戦で中断。沿線自治体からの全通要請も叶わず、1983（昭和58）年５月31日をもって約40年の歴史を閉じた。